四川省示范中等职业学校建设创新教材

网页制作技能训练

田 勇　刘小琴　主 编

刘 敏　韩 艳　陈文杰　魏春燕　李 强　副主编

天津出版传媒集团

天津科学技术出版社

内 容 简 介

本书系统地介绍了利用制作网页的技能，共 9 个项目，分别为认识网页、制作剧专文化模块、使用超链接制作红色文化模块、使用列表制作夕佳山民居、使用表格、使用表单、制作旅游景点宣传模块、制作"夕佳山民居"专题页、制作直播专题页面。

本书既可作为中职计算机网络技术专业及相关专业学生的教学用书，也可作为计算机相关职业培训的教材。

图书在版编目（CIP）数据

网页制作技能训练/田勇，刘小琴主编 . --天津：

天津科学技术出版社，2022.5

ISBN 978-7-5742-0076-0

Ⅰ.①网⋯ Ⅱ.①田⋯ ②刘⋯ Ⅲ.①网页制作工具

Ⅳ.①TP393.092.2

中国版本图书馆 CIP 数据核字（2022）第 103051 号

网页制作技能训练

WANGYE ZHIZUO JINENG XUNLIAN

责任编辑：陈震维

责任印制：赵宇伦

出版： 天津出版传媒集团

天津科学技术出版社

地　　址：天津市和平区西康路 35 号

邮　　编：300051

电　　话：（022）23332369（编辑部）

网　　址：www.tjkjcbs.com.cn

发　　行：新华书店经销

印　　刷：北京时尚印佳彩色印刷有限公司

开本 787×1092　1/16　印张 12　字数 286 000

2022 年 5 月第 1 版第 1 次印刷

定价：55.00 元

前　言

随着 Internet 的迅猛发展，网站建设成为互联网领域的一门重要技术，掌握这门技术首先要掌握一门网页开发工具，Dreamweaver CS6 是目前十分流行的工具软件之一。本书全面介绍了利用 Dreamweaver CS6 这款功能强大的软件制作静态网页、移动 Web 网页、动态网页流程和方法，内容详尽，实用性强。

开发网站离不开超文本标记语言（hyper text markup language，HTML），HTML 语言经过 20 多年的发展，由超文本标记语言 1.0 版到 4.0 版，再到 HTML5，已经发生了革命性的变化，应用越来越广泛，移动设备（如 iPhone、Android 等）也提供了对 HTML5 的支持。CSS 也由 1.0 版发展到 3.0 版，其美化网页的功能越来越强大，HTML5+CSS3+JavaScript，以及 Dreamweaver CS6 成为当今网站开发的热门和主流技术。本书全面介绍了 HTML5、CSS3、JavaScript 三种制作网页技术，以及 Dreamweaver CS6 工具软件的使用，体现"以就业为导向、以能力为本位"的职业教育思想，突出培养学生的动手能力和实践能力，努力实现中职人才培养的目标。

本书的主要特点如下：

1. 本书编写采用任务驱动和项目教学相结合的方法，可全面拓展学生的职业技能。在各个任务中，首先，简明扼要地讲解各个知识点，并结合具体的操作步骤完成各个任务；其次，以项目为引领，根据学生的接受能力，把知识点贯穿在精心设计的项目中，以若干个实际项目为载体，引导学生通过完成项目，掌握网页的制作方法和技巧，培养学生进行信息收集、分析和表达的能力；最后，通过项目实训，进一步培养学生的实践能力与创新能力。

2. 项目案例实用、完整。将各知识点融合到各项目中，符合学生的认知规律。每一项目既有独立性又有联系性。全书内容由浅及深，由易到难，循序渐进，可使学生在实践中提高自身技能水平。

3. 注重章节内容的内在联系。增加 HTML 基础性章节，让学生加深对网页制作本质的理解，提高代码阅读、编写能力，同时体会到 Dreamweaver 可视化网页制作工具的优势。

4. 全书图文并茂，在培养学生网页审美能力的同时，还可提高学习网页制作的兴趣。本书面向中等职业教育，本着以就业为导向，培养技能型人才软件应用能力的原则，根据就业的实际需求进行内容的选取。全书内容丰富、结构新颖、重点突出、详略得当，以实用为基础，以必需为尺度，可以满足中等职业教育的各项需要。

本书由四川省江安县职业技术学校田勇、刘小琴担任主编，四川省江安县职业技术学校刘敏、韩艳、陈文杰、魏春燕、李强担任副主编。

由于编者自身水平的限制，书中难免有不足之处，望广大读者，特别是同行批评指正，以便进一步完善和改进。

编　者

目　　录

项目一　认识网页

项目目标

在学习 HTML、CSS 之前，需要了解一些与互联网相关的知识，这样有助于初学者快速学习后面章节的内容。通过本项目的学习，学生能详细了解网页的基础知识、编写语言、运行平台和常用开发软件的应用。

任务一　Web 基本概念

任务情境

Web 中文译为"网页"，说到网页，其实大家并不陌生，在人们日常学习和生活中，上网浏览新闻、查询信息、看图片等都是在浏览网页。现在，就让我们一起来看看网页（如图 1-1 所示）是由哪些元素构成的。

图 1-1　网页

■任务要求

通过本任务的学习，掌握静态网页和动态网页的区别，认识网页的构成元素，熟悉网页中常见的名词，了解 Web 标准。

■知识准备

一、认识网页

为了使初学者更好地认识网页，我们首先来看江安职校的官方网站。打开 IE 浏览器，在地址栏输入江安职校的网址 http://www.scjazx.com，按 Enter 键，这时浏览器中显示的页面即为江安职校官方网站的首页，如图 1-2 所示。

图 1-2　江安职校官方网站首页

从图 1-1 和图 1-2 中可以看到，网页主要由文字、图像和超链接等元素构成。当然，除这些元素外，网页中还可以包含音频、视频及 Flash 等。

为了让初学者快速了解网页是如何形成的，接下来查看网页的源代码。在浏览器的空白处右击，在弹出的快捷菜单中选择"查看源"命令，弹出的窗口中便会显示当前网页的源代码，具体内容如图 1-3 所示。

```
http://www.scjazx.com/ - 原始源
文件(F)  编辑(E)  格式(O)
1  <!DOCTYPE html>
2  <html lang="en-US">
3  <head>
4      <meta charset="UTF-8">
5      <meta http-equiv="X-UA-Compatible" content="IE=edge">
6      <meta name="viewport" content="width=device-width, initial-scale=1">
7      <title>首页-江安县职业技术学校官方网站</title>
8      <link rel="stylesheet" href="vendor/layui/css/layui.css">
9      <link rel="stylesheet" href="static/style.css">
10     <!-- 让IE8/9支持媒体查询,从而兼容栅格 -->
11     <!--[if lt IE 9]>
12     <script src="https://cdn.staticfile.org/html5shiv/r29/html5.min.js"></script>
13     <script src="https://cdn.staticfile.org/respond.js/1.4.2/respond.min.js"></script>
14     <![endif]-->
15     <meta name="csrf-param" content="_csrf-frontend">
16     <meta name="csrf-token" content="T42yOH-iZ6y273MONPWq17ILA8TsYNTjEM2NLvzStoYOwNWyRsOJ9fKEHJRFgMSx3iZEgdlXgIlZprtBkprlyg==">
17  </head>
18  <body>
19      <div class="layui-fluid" id="top-wrap">
20          <div class="layui-main">
21              <div class="layui-row">
22                  <div class="layui-col-md9">
23                      <span class="layui-breadcrumb" lay-separator="|" id="fc-top-breadcrumb">
24                          <a href="http://10.0.20.10:8081" target="_blank">数字图书馆</a>
25                          <a href="http://sfx.scjazx.com" target="_blank">示范校专题网站</a>
26                          <a href="http://oa.scjazx.com/ynedut/login.htm" target="_blank">智慧校园平台</a>
27                          <a href="http://oa.scjazx.com/ynedut/pages/lms/portal/index.html#/resource/portalHomePage" target="_blank">教学资源平台</a>
28                          <a href="http://10.0.6.12:8888" target="_blank">示范校佐证材料系统</a>
29                          <a href="http://10.0.6.12:8080" target="_blank">德育数字资源平台</a>
30                      </span>
```

图 1-3　江安职校官方网站首页源文件

　　图 1-3 中显示的即为江安职校官方网站首页的源文件，它是一个纯文本文件。而我们浏览网页时看到的图片、视频等，其实是这些纯文本组成的代码被浏览器渲染之后的结果。

　　除首页外，一个网站通常还包含多个子页面，如江安职校官方网站包含"学校概况""系部工作"等子页面。网站其实就是多个网页的集合，网页与网页之间通过超链接互相访问，例如，当用户单击江安职校官方网站首页导航栏中的"学校概况"时，就会跳转到学校概况页面，如图 1-4 所示。

图 1-4　江安职校网页学校概况页面

网站由网页构成，网页有静态和动态之分。所谓静态网页是指用户无论何时何地访问，网页都会显示固定的信息，除非网页源代码被重新修改上传。静态网页更新不方便，但是访问速度快。而动态网页显示的内容，则会随着用户操作和时间的不同而变化，这是因为动态网页可以和服务器数据库进行实时的数据交换。

在网站设计中，静态网页使用 HTML（超文本标记语言）。一般的静态网页网址都是以.htm、.html、.shtml、.xml 等为后缀的。但是，并不是说静态网页就没有动态的效果，有的静态网页也会有动态效果，如.gif 格式的动画、Flash、滚动字母等，动态网页使用 HTML+ASP 或 HTML+PHP 或 HTML+JSP 等语言。

动态网页在服务器端运行的程序、网页、组件，属于动态网页，它们会随不同客户、不同时间返回不同的网页，后缀名常为.asp、.jsp、.php、.perl、.cgi。

现在互联网上的大部分网站都是由静态网页和动态网页混合组成的，两者各有千秋，用户在开发网站时可根据需求酌情采用。

二、名词解释

对于从事网页制作的人员来说，与互联网相关的一些专业术语是必须要了解的，如常见的 Internet.、www.、http 等，具体解释如下。

1. Internet 网络

Intermet 网络就是通常所说的互联网，是由一些使用公用语言互相通信的计算机连接而成的网络。简单地说，互联网就是将世界范围内不同国家、不同地区的众多计算机连接起来形成的结果。

互联网实现了全球信息资源的共享，形成了一个能够共同参与、相互交流的互动平台。通过互联网，远在千里之外的朋友可以相互发送邮件、共同完成一项工作、共同娱乐。因此，互联网最大的成功之处并不在于技术层面，而在于对人类生活的影响，可以说互联网的出现是人类通信技术史上的一次革命。

2. WWW

WWW（World Wide Web）中文译为"万维网"。但 WWW 不是网络，也不代表 Internet，它只是 Internet 提供的一种服务网页浏览服务，我们上网时，通过浏览器阅读网页信息就是在使用 WWW 服务。WWW 是 Internet 上最主要的服务，其他许多网络功能，如网上聊天、网上购物等，都是基于 WWW 服务的。

3. URL

URL（Uniform Resource Locator）中文译为"统一资源定位符"。URL 其实就是 Web 地址，俗称"网址"。在万维网上的所有文件（HTML、CSS、图片、音乐、视频等）都有唯一的 URL，只要知道资源的 URL，就能够对其进行访问。URL 可以是本地磁盘，也可以是局域网上的某一台计算机，更多的是 Internet 上的站点，如 http://www.scjazx.com/就是四川省江安县职业技术学校的网址，如图 1-5 所示。

图 1-5　四川省江安县职业技术学校的 URL 地址

4. DNS

DNS（Domain Name System）中文译为域名解析系统。在 Internet 上域名与 IP 地址之间是一一对应的，域名（四川省江安县职业技术学校的域名 http://www.scjazx.com/）虽然便于人们记忆，但计算机只认识 IP 地址，将好记的域名转换成 IP 的过程被称为域名解析。DNS 就是进行域名解析的系统。

5. HTTP

HTTP（Hypertext transfer protocol）中文译为"超文本传输协议"。它是一种详细规定了浏览器和万维网服务器之间互相通信的规则。HTTP 是非常可靠的协议，它具有强大的自检能力，所有用户请求的文件到达客户端时，一定是准确无误的。

■任务分析

网页中都有哪些常见元素？分别起什么作用？

■任务实施

网页中的常见元素主要包括文本、图像、动画、视频音乐、超链接、表格、表单和各类控件等几种类型。

1. 文本

文字能准确地表达信息的内容和含义，且同样信息量的文本字节往往比图像小，比较适合大信息量的网站。

2. 图像

在网页中使用 GIF、JPEG（JPG）、PNG 三种图像格式，其中使用最广泛的是 GIF 和 JPEG 两种格式。

说明：当用户使用所见即所得的网页设计软件在网页上添加其他非 GIF、JPEG 或 PNG 格式的图片并保存时，这些软件通常会自动将少于 8 位颜色的图片转化为 GIF 格式，或将多于 8 位颜色的图片转化为 JPEG。另外，JPG 图片是静态图，GIF 则可以是动态图片。

3. 动画

主要指由 Flash 软件制作的动画，由于其是准流媒体文件，加上矢量动画文件小，使其在网络运行具有强大优势，是网页设计者必学的软件。

4. 声音和视频

用于网络的声音文件的格式非常多，常用的有 MIDI、WAV、MP3 和 AIF 等。很多浏览器不要插件也可以支持 MIDI、WAV 和 AIF 格式的文件，而 MP3 和 RM 格式的声音文件则需要专门的浏览器播放。视频文件均需插件（如 Realone、Media Player）支持，用于网络的视频格式主要有 WMV、RM 等流媒体格式。

5. 超级链接

从一个网页指向另一个目的端的链接。

6. 表格

在网页中表格用来控制网页中信息的布局方式。这包括两方面：
（1）是使用行和列的形式来布局文本和图像及其他的列表化数据。
（2）是可以使用表格来精确控制各种网页元素在网页中出现的位置。

7. 表单

用来接受用户在浏览器端的输入，然后将这些信息发送到用户设置的目标端。表单由不同功能的表单域组成，最简单的表单也要包含一个输入区域和一个提交按钮。根据表单功能与处理方式的不同，通常可以将表单分为用户反馈表单、留言簿表单、搜索表单和用户注册表单等类型。

8. 导航栏

导航栏就是一组超级链接，这组超级链接的目标就是本站点的主页以及其他重要网页。导航栏的作用就是引导浏览者游历站点，同时首页的导航栏，对搜索引擎的收录意义重大。

9. 其他元素

网页中除以上几种最基本的元素外，还有一些其他的常用元素，包括悬停按钮、Java 特效、ActiveX 等各种特效。它们不仅能点缀网页，使网页更活泼有趣，而且在网上娱乐，电子商务等方面也有着不可忽视的作用。

■ 任务评价表

表 1-1　认识网页任务评价表

考核项目		评价内容	总分	评价主体	评价方式
平时测试	知识点评价 40%	认识网页及网页的组成。 掌握网页与网站的关系。 了解互联网常见术语（WWW、URL、DNS、W3C 等）。 了解 Web 标准（结构、表现和行为标准）。 明确 HTML、CSS、JavaScript 在网页制作中的作用	40	专业教师	在线测试自动评分

续表

考核项目		评价内容	总分		评价主体	评价方式
平时实训任务	技能评价 50%	能区分动态网页和静态网页的区别	20	60	专业教师 企业导师	组内自评（30%） 组间互评（40%） 教师评价（30%）
		能够准确说出网页各元素	10			
		能说出 Web 的标准	10			
		能描述各元分素含义	10			
	素养评价 10%	积极主动学习新知	3			
		遵守实训室规定：不带违禁品进入实训室，不在实训室内做与实训无关的事	2			
		乐于探索，勇于创新	3			
		团结合作，乐于助人	2			

任务二　网页制作入门

■ 任务情境

网页是如何生成的呢？我们可以使用哪些技术来实现用户对网页的不同需求呢？

■ 任务要求

通过本任务的学习，同学们掌握 HTML、CSS、JavaScript 在网页中的作用，为以后制作网页打下基础。

■ 知识准备

一、HTML 简介

HTML 中文译为"超文本标记语言"，主要是通过 HTML 标记对网页中的文本、图片、声音等内容进行描述。在 HTML 中提供了许多标记，如段落标记、标题标记、超链接标记、图片标记等，网页中需要定义什么内容，就用相应的 HTML 标记描述即可。

HTML 之所以称为超文本标记语言，不仅是因为它通过标记描述网页内容，同时也由于文本中包含了所谓的"超链接"点。通过超链接将网站与网页以及各种网页元素链接起来，构成了丰富多彩的 Web 页面。

下面，通过江安文化网的一段源代码（如图 1-6 所示）和相应的网页结构（如图 1-7 所示）来简单地认识 HTML。

```
<a href="#">江安之美</a>
</div>
<div class="jangan">
    <div class="paiban">
        <div class="img">
            <div class="img_1"></div>
            <div class="img_2"></div>
            <div class="img_3"></div>
            <div class="img_4"></div>
            <div class="img_5"></div>
        </div>
        <div class="txt1">
            <span>仁</span>
            <span>义</span>
            <span>礼</span>
            <span>智</span>
            <span>信</span>
        </div>
    </div>
```

图 1-6　江安文化首页部分源代码

图 1-7　江安之美部分网页结构

从图 1-5 中容易看出，网页内容是通过 HTML 标记（图中带有"<>"的符号）描述的，网页文件其实是一个纯文本文件。这段代码对应的网页效果如图 1-7 所示。

二、CSS 简介

CSS（层叠样式表）通常称为 CSS 样式或样式表，主要用于设置 HTML 页面中文本内容（字体、大小、对齐方式、颜色等）、图片的外形（宽度、高度等）及版面的布局等外观显示样式。

CSS 以 HTML 为基础，提供了丰富的功能，如字体、颜色、背景的控制及整体排版等，而且还可以针对不同的浏览器设置不同的样式。如图 1-8 所示，图中文字的字体大小、行间距、高度、宽度等都是通过 CSS 控制的。

CSS 非常灵活，即可以嵌入在 HTML 文档中，也可以是一个单独的外部文件，如果是独立的文件，则必须以.css 为后缀名。如图 1-9 所示的代码片段，CSS 采用的是链入式，与HTML 不在同一文件中，符合结构与表现相分离。

国剧剧专简介

国立剧专旧址位于四川省宜宾市江安县，旧址占地面积1.2万平方米，投入3.87亿元修复，国立戏剧学校，1935年创建于南京，解放后与延安鲁艺合并组成中央戏剧学院，是现今中央戏剧学院前身之一。国立戏剧学校共办学14年，1939年由南京迁到江安，在江安办学6年，是其办学历史中时间最长的一个阶段，最关键的黄金时期，是师生创作和演出最活跃的时期，也是剧专培养人才最多的时期，同时也是学校生活最丰富的时期，江安也由此被誉为中国戏剧的摇篮，其江安国立剧专旧址也是中

```
.txt3 {
    text-indent: 2em;
    display: inline-block;
    width: 594px;
    height: 400px;
    float: right;
    line-height: 42px;
    font-size: 16px;
    padding-bottom: 110px;
}
```

图 1-8　使用 CSS 设置的部分网页展示　　　　　图 1-9　CSS 代码片段

HTML 与 CSS 关系就像人的骨骼与衣服，通过更改 CSS 样式，可以轻松控制网页的表现样式。

三、JavaScript 简介

JavaScript 是 Web 页面中的一种脚本语言，通过 JavaScript 可以将静态页面转变成支持用户交互并响应事件的动态页面。在网页制作中，HTML 用于搭建页面结构，CSS 用于设置

页面样式，而 JavaScript 则用于为页面添加动态效果。

JavaScript 代码可以嵌入 HTML 中，也可以创建.js 外部文件。通过 JavaScript 可以实现网页中常见的下拉菜单、TAB 栏、焦点图轮播等动态效果。

四、常见浏览器介绍

一个制作好的网页文件，必须要使用浏览器打开才能看到网页所呈现的效果，即浏览器是网页运行的平台。

目前常用的浏览器有 IE、火狐（Firefox）、谷歌（Chrome）、Safari 和 Opera 等，图 1-10 所示是一些常见浏览器的图标。基于某些因素，这些浏览器不能完全采用统一的 Web 标准，或者说不同的浏览器对同一个 CSS 样式有不同的解析。这样就导致了同样的页面在不同浏览器下的显示效果可能同。

IE 浏览器　　　火狐浏览器　　　谷歌浏览器　　　猎豹浏览器　　　Safari 浏览器　　　Opera 浏览器

图 1-10　常见浏览器

不同用户使用的浏览器不同，因此制作网页时，我们需要保证该网页兼容所有的主流浏览器。在这里，向初学者介绍下几种常见的浏览器，具体如下。

1. IE 浏览器

IE（Internet Explorer）浏览器由微软公司推出，直接绑定在 Windows 操作系统中，不需下载安装。IE 有 6.0、7.0、8.0、9.0、10.0 等版本，目前最新的是 IE11.0。但是由于各种原因，一些用户仍然在使用低版本的浏览器如 IE6、IE7 等，所以在制作网页时，低版本一般也是需要兼容的。

对于其他的一些浏览器，如 360 安全浏览器、搜狗浏览器、遨游浏览器等大多是基于 IE 内核的，只要 IE 浏览器兼容，这些基于 IE 内核的浏览器也都没有问题。

2. 火狐浏览器

Mozilla Firefox，中文通常称为"火狐"，是一个开源网页浏览器，使用 Gecko 引擎（非 IE 内核），可以在多种操作系统如 Windows，Mac 和 Linux 上运行。Firebug 是火狐浏览器下的一款开发插件，属于火狐强力推荐的插件之一，它集 HTML 查看和编辑、JavaScript 控制台、网络状况监视器于一体，是开发 HTML、CSS、JavaScript 等的得力助手。

实际工作中，调试网页的兼容性问题主要依靠 Firebug 插件，初学者可选择火狐浏览器菜单栏中的"工具"→"附加组件"→"下载 Firebug 插件"命令，安装完成后使用快捷键 F12 可以直接打开 Firebug 界面，如图 1-11 所示。

由于火狐浏览器对 Web 标准的执行比较严格，而且使用 Firebug 调试网页非常方便，所以在实际网页制作过程中，火狐浏览器是最常用的浏览器。

图 1-11　火狐的 Firebug 插件

3. 谷歌浏览器

Google Crone 又称谷歌浏览器。是由 Google（谷歌）公司开发的开放原始码网页浏览器。该浏览器基于其他开放原始码软件所撰写，包括 WebKi 和 Moila 目标是提升稳定性、速度和安全性，并创造出简单有效的使用界面。

IE、火狐和谷歌浏览器目前联网上的 3 大浏览器，其他常用的浏览器还有草果的 Sufari 浏览器和 Opera 浏览器等。对于一般的网站，只要兼容 IE 浏览器就能满足绝大多数用户的需求。

■ 任务实施

学习完前面的内容，下面来动手实践一下吧！

（1）在本机上安装火狐浏览器和 360 浏览器。

（2）简述 CSS 在网页中的地位。

■ 任务评价表

表 1-2　网页制作入门任务评价表

考核项目		评价内容	总分		评价主体	评价方式
平时测试	知识点评价 40%	在本机上安装火狐浏览器和 360 浏览器；简述 CSS 在网页中的地位	40		专业教师	在线测试自动评分
平时实训任务	技能评价 50%	会在本机上安装火狐浏览器和 360 浏览器	30	60	专业教师 企业导师	组内自评（30%） 组间互评（40%） 教师评价（30%）
		简述 CSS 在网页中的地位	10			
		能合理设置浏览器安装路径	10			

续表

考核项目	评价内容		总分	评价主体	评价方式
平时实训任务	素养评价 10%	积极主动学习新知。	3		
		遵守实训室规定：不带违禁品进入实训室，不在实训室内做与实训无关的事	2	60	
		乐于探索，勇于创新	3		
		团结合作，乐于助人	2		

任务三　Dreamweaver 工具的使用

▊ 任务情境

网页制作过程中，为了开发方便，通常我们会选择一些较便捷的工具，如 EditPlus、Notepad++、Sublime、Dreamweaver 等。在实际工作中，最常用的网页制作工具是 Dreamweaver 接下来本节将详细介绍 Dreamweaver 工具的使用。

▊ 任务要求

Dreamweaver 是一种非常方便的所见即所得式的页面开发工具，通过本任务我们主要熟悉 Dreamweaver 的操作界面，站点、文件的基本操作方法。通过 Dreamweaver 能创建自己的第一个网页。

▊ 知识准备

一、Dreamweaver 界面介绍

本书使用的版本是 Adobe Dreamweaver，关于软件的安装在此就不介绍了，我们直接讲解软件安装后如何使用。

双击运行桌面上的软件图标，进入软件界面，为了统一，建议大家选择菜单栏中的"窗口"→"工作区布局"→"经典"命令。

接下来，选择菜单栏中的"文件"→"新建"命令，打开"新建文档"窗口。这时，在文档类型下拉菜单中选择"XHTML 1.0 Transitional"选项，单击"创建"按钮，如图 1-12 所示，即可创建一个空白的 HTML 文档，如图 1-13 所示。

如果是初次安装使用 Dreamweaver 工具，创建空白 HTML 文档时可能会出现图 1-14 所示的界面，这时单击"代码"按钮即可出现图 1-13 所示的界面效果。

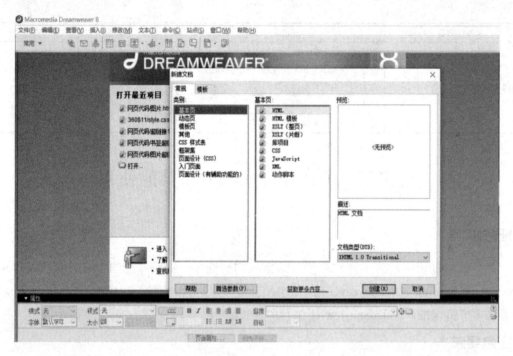

图 1-12　新建 HTML 文档窗口

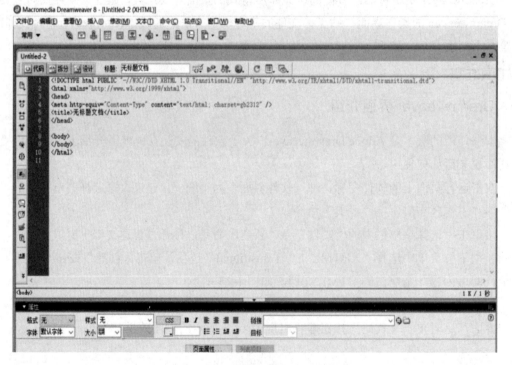

图 1-13　空白的 HTML 文档

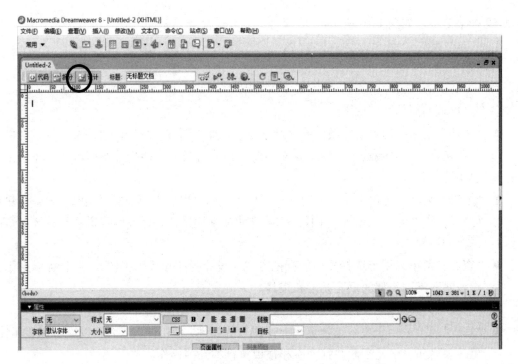

图1-14　初次使用 Dreamweaver 新建 HTML 文档

图 1-15 所示即为软件的操作界面，主要由六部分组成，包括菜单栏、插入栏、文档工具栏、文档窗口、属性面板及其他常用面板。

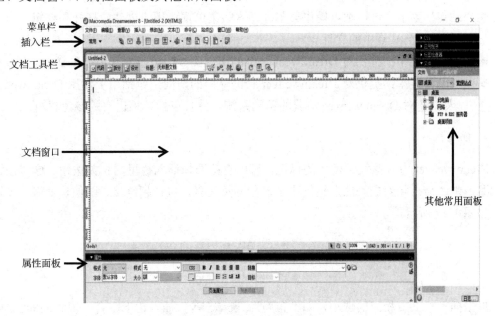

图1-15　Dreamweaver 操作界面

1. 菜单栏

Dreamweaver 菜单栏包括文件、编辑、查看、插入、修改、文本、命令、站点、窗口和帮助 10 种菜单项，如图 1-16 所示。

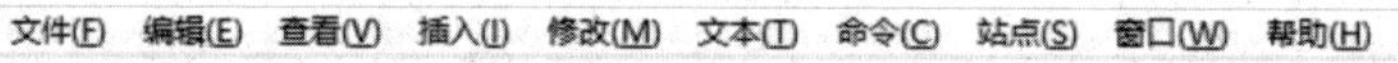

文件(F) 编辑(E) 查看(V) 插入(I) 修改(M) 文本(T) 命令(C) 站点(S) 窗口(W) 帮助(H)

图 1-16　Dreamweaver 菜单栏

各个菜单项的简单介绍如下。

- "文件"菜单：包含文件操作的标准菜单项，如"新建""打开""保存"等。文件菜单还包含各种其他选项，用于查看当前文档或对当前文档执行操作，如"在浏览器中预览"等。
- "编辑"菜单：包含文件编辑的标准菜单项，如"剪切""复制""粘贴"等。还包括"选择"和"查找"选项，并且提供软件快捷键编辑器、标签库编辑器和首选参数编辑器的访问。
- "查看"菜单：用于选择文档的视图方式（设计视图和代码视图），并且可以用于显示或隐藏不同类型的页面元素和工具。
- "插入"菜单：用于将各个对象插入文档，如插入图像、Flash 等。
- "修改"菜单：用于更改选定页面元素或项的属性，使用此菜单，可以编辑标签属性，更改表格和表格元素，并且为库和模板执行不同的操作。
- "文本"菜单：用于设置文本的各种格式和样式。
- "命令"菜单：提供对各种命令的访问，包括根据格式参数选择设置代码格式的命令，以及优化图像、排序表格等命令。
- "站点"菜单：包括站点操作菜单项，这些菜单项可用于创建、打开和编辑站点，以及管理当前站点中的文件。
- "窗口"菜单：提供对 Dreamweaver 中的所有面板、检查器和窗口的访问。
- "帮助"菜单：提供对 Dreamweaver 帮助文档的访问，包括用于使用 Dreamweaver，以及创建对 Dreamweaver 扩展的帮助系统，并且包括各种语言的参考材料。

2. 插入栏

Dreamweaver 有一些经常使用的标记，可以直接选择插入栏里的相关按钮。这些按钮一般和菜单中的命令相对应。插入栏集成了多种网页元素，包括超链接、图像、表格、多媒体等，如图 1-17 所示。

常用 ▾

图 1-17　插入栏常用元素

单击插入栏上方相应的选项，如"布局""表单"等，插入栏下方会出现不同的工具组。选择工具组中不同的按钮，可以创建不同的网页元素，如选择"常用"选项下面的按钮时，可以快速创建超链接。

3. 文档工具栏

"文档"工具栏提供了各种"文档"视图窗口，如"代码""拆分""设计"视图，还提供了各种查看选项和一些常用操作，如图1-18所示。

图 1-18　文档工具栏

如果要显示或隐藏文档工具栏，可以选择菜单栏中的"查看"→"工具栏"→"文档"命令。接下来我们介绍其中几个常用按钮的功能。

● 代码："显示代码视图"：单击"代码"视图，文档窗口中将只留下代码视图，收起设计视图。

● 拆分："显示代码和设计视图"：单击"拆分"视图，文档窗口中将同时显示代码视图和设计视图，以一条间隔线分开，拖动间隔线可以改变两者所占屏幕的比例。

● 设计"显示设计视图"：单击"设计"视图，文档窗口中收起代码视图只留下设计视图。

● 标题无标题文档"标题"：此处可以修改文档的标题，它将修改源代码头部<title>标记中的内容，默认情况下为"无标题文档"。

● "在浏览器中预览/调试"：单击可选择浏览器对网页进行预览或调试。

● "刷新"：在"代码"视图中进行更改后，单击该按钮可刷新文档的"设计"视图。

4. 文档窗口

文档窗口是 Dreamweaver 较常用到的区域之一，此处会显示所有打开的文档。单击文档工具栏中的"代码""拆分""设计"3 个选择按钮，可变换区域的显示状态，图1-19 所示为"拆分"状态下的结构，上方是代码区，下方是视图区。

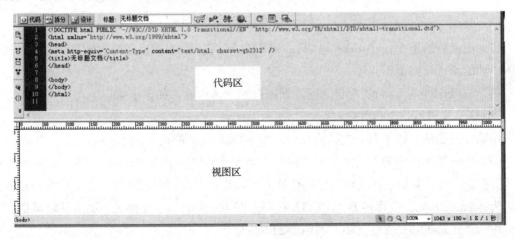

图 1-19　文档窗口

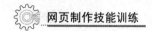

5. 属性面板

属性面板主要用于显示在文档窗口中所选中元素的属性，Dreamweaver 允许用户在属性面板中直接对元素的属性进行修改。选中的元素不同，属性面板中内容也不一样。图 1-20 所示为图像的属性面板。

图 1-20　属性面板

如果属性面板不显示，可以从选择菜单栏中的"窗口"→"属性"命令，或者用快捷键 Ctrl+F3 直接调出。

二、创建第一个网页

前面我们已经对网页、HTML、CSS、JavaScript 及常用的网页制作工具 Dreamweaver 有了一定的了解，按下来将通过一个案例学习如何使用 Dreamweaver 创建一个包含 HTML 结构的简单网页。具体步骤如下。

（1）打开 Dreamweaver，新建一个 HTML 默认文档。切换到代码视图，这时在文档窗口中会出现 Dreamweaver 自带的代码，如图 1-21 所示。关这些代码，在项目二中会详细介绍。

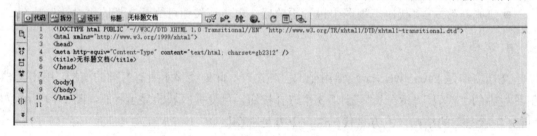

图 1-21　新建 HTML 文档代码视图窗口

（2）在代码的第 5 行，<title>与</title>标记之间，输入 HTML 文档的标题，这里将其设置为"我的第一个网页"。

（3）在<body>与</body>标记之间添加网页的主体内容，如下所示：

<p>这是我的第一个网页哦。</p>

至此，我们就完成了网页的结构部分，即 HTML 代码的编写。

（4）选择菜单栏中的"文件"→"保存"命令（其快捷键为 Ctrl+S）。接着，在弹出来的"另存为"对话框中选择文件的保存地址并输入文件名即可保存文件。例如，本书将文件命名为 ddemo1.html，保存在 D 盘"HTML 网页制作案例教程"文件夹下的"教材案例"文件夹中的"chapter01"文件夹中，如图 1-22 所示。

图 1-22 "另存为"对话框

5）双击 ddemo1.html 文件，页面效果如图 1-23 所示。

图 1-23 HTML 页面效果

■任务实施

学习完前面的内容，下面来动手实践一下吧。

使用 Dreamweaver 工具创建一个个人简历如下：

（1）网页标题为"个人简历"。

（2）简历内容自拟，可自行借鉴。

（3）内容简洁，突出重点。

任务评价表

表 1-3　Dreamweaver 工具的使用任务评价表

考核项目		评价内容	总分		评价主体	评价方式
平时测试	知识点评价 40%	熟悉 Dreamweaver 的操作界面； 会使用 Dreamweaver 创建网页； 了解 HTML 的基本结构	40		专业教师	在线测试自动评分
平时实训任务	技能评价 50%	会使用 Dreamweaver 创建网页	20	60	专业教师 企业导师	组内自评（30%） 组间互评（40%） 教师评价（30%）
		能根据要求对页面内容进行填充	10			
		了解 HTML 语句基本结构的含义	10			
		能合理借鉴成功的网页	10			
	素养评价 10%	积极主动学习新知	3			
		遵守实训室规定：不带违禁品进入实训室，不在实训室内做与实训无关的事	2			
		乐于探索，勇于创新	3			
		团结合作，乐于助人	2			

项目二　制作剧专文化模块

项目目标

　　网络新技术层出不穷，但是不管技术如何变化，编写 HTML 代码都是网页设计的基础之一，只有学好了 HTML 技术，才能做出精美的网站。本项目将通过案例的形式，对 HTML 的基本结构和语法.HTML 文本控制标记及 HTML 图像标记进行详细讲解。

　　本项目要求学生掌握 HTML 文档基本格式，能够书写规范的 HTML 网页，能够合理地使用标题、段落及文字标记定义网页元素，能够使用图像标记制作图文混排页面，完成项目案例——制作剧专文化模块，效果如图 2-1 所示。

红色·文化

于1992年6月破土动工，至1993年3月竣工建成。将纪念馆建立在青峰寺高山上，是为了纪念1950年驻江安县剿匪的解放军第10军28师83团2营，于5月29日组织的痛歼盘踞在青峰寺高山上的五百顽匪的剿匪攻坚战及打援中，英勇牺牲的13位烈士（包括营副教导员1人，正副班长5人，战士7人，其中共产党员9人），当然也是为了纪念在全县剿匪征粮中部队和地方英勇牺牲的数名烈士，借以告慰先烈、激励后人。

梁伯隆(1904~1930) 革命烈士，又名廷栋、尚志、靖超、兴谷、伯龙。四川江安县人。1923年，在上海震旦大学肄业，1924年加入中国共产党。值第一次国共合作，去黄埔军校任军需，参加孙中山讨伐陈炯明的东征之役。1925年初回上海，转入上海大学。"五卅惨案"爆发，任中华全国学生联合总会代表，与李硕勋、阳翰笙、刘披云等组织领导反帝反封建的爱国运动。

图 2-1　"红色·文化"页面

任务一　认识 HTML

任务情境

　　当前网络空前繁荣，网络中最典型的表现形式就是网页，各类公司、企事业单位和个人都相继建立了自己的网站，越来越多的人开始学习制作网页。想要制作网页，首先应该了解网页，了解网页制作的相关知识。什么是网页和网站?常用的网站分为哪几类?制作网页需要了解哪些相关知识? 本任务就来解决这些问题。

任务要求

制作"我的第一个网页",效果如图 2-2 所示。

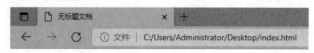

欢迎访问! 我的第一个网页

图 2-2　我的第一个网页

知识准备

一、HTML 的定义

HTML 是用来描述网页的一种语言,即超文本标记语言。它并不是计算机编程语言,而是一种由标记语言(markup language)组成的描述性文本。

HTML 标记用于说明并且组织网页上的文字、图形、动画、声音、表格、链接等。网页上的内容都是由 HTML 标记组织起来的,可见 HTML 技术在网页中的重要性。

组织网页元素的 HTML 标记是由"<"和">"包括的,一般的 HTML 标记都是成对出现的,被组织的网页元素在首尾标记内,如<h1>标题<h1>;也有少数标记是单个出现的,如<hr/>、<img/>等。

网页文件,即采用 HTML 标记组织内容并符合 HTML 规范的文件,一般扩展名为.html 或.htm。

二、HTML 网页的基本组成结构

写信需要符合书信的格式要求,如图 2-3 所示的效果。

图 2-3　书信效果

学习 HTML 标记语言亦不例外,同样需要先掌握它的基本格式,遵从相应的格式规范。

例如,使用 Dreamweaver 生成的 HTML 文档:

```
<!DOCTYPE html PUBLIC "-//W3C//DTD XHTML 1.0 Transitional//EN"
    "http://www.w3.org/TR/xhtml1/DTD/xhtml1-transitional.dtd">
<html xmlns="http://www.w3.org/1999/xhtml">
  <head>
  <meta http-equiv="Content-Type" content="text/html; charset=utf-8" />
  <title>无标题文档</title>
  </head>
  <body>
  </body>
</html>
```

1. <!DOCTYPE>文档类型声明

位于文档的最前面，用于向浏览器说明当前文档使用哪种 HTML 或 XHTML 标准规范。

2. <html>根标记

位于<!DOCTYPE>标记之后，也称为根标记，用于告知浏览器其自身是一个 HTML 文档。

3. <head>头部标记

定义 HTML 文档的头部信息，也称为头部标记，紧跟在<html>标记之后，主要用来封装其他位于文档头部的标记。

4. <body>主体标记

定义 HTML 文档所要显示的内容，也称为主体标记。浏览器中显示的所有文本、图像、音频和视频等信息都必须位于<body>标记内。

三、HTML 标记语法

HTML 标记的作用原理就是选择网页内容，从而进行描述，也就是说需要描述谁，就选择谁。HTML 标记是由尖括号包围的关键词，如<html>。HTML 标记大多数成对出现，用于定义标记作用的开始与结束，称为双标记，如<h1>和</h1>。而有的标记，如水平线标记<hr/>，本身就可以描述一个功能，不需要选择谁，被称为单标记。

通常情况下，"HTML 标记""HTML 标签" | "HTML 元素"都是描述同样的意思。

1. 标记的属性

标记的属性用于更加详细的描述、修饰和设置 HTML 文件的显示内容及格式，标记属性可由用户设置，省略时将采用标记规定的默认设置值。格式如下：

> <标记 属性名 1="属性值" 属性名 2="属性值 2"...>

2. HTML 标记的书写规则

（1）HTML 标记必须放在一对尖括号 "< >" 内，它通常是英文单词或英文单词缩写。针对双标记，必须成对出现，且应在结束标记前加上斜杠 "/"。

（2）在书写标记时，英文字母的大、小写或混合使用大小写都是允许的。

（3）标记属性放在起始标记之后，且以空格作为分隔。如果标记有多个属性，标记属性的排列不分先后顺序，可根据个人的爱好或书写习惯，在起始标记之后排列所需属性，且多个不同属性之间用空格隔开。

（4）标记属性由属性名="属性值"构成，其中的属性值用双引号或单引号括起来。

任务分析

编写 HTML 代码的方法多种多样，本任务主要使用比较简单、常见的方法——使用记事本编写 HTML 代码。

任务实施

使用记事本编写 HTML 代码。

（1）创建一个记事本文件，在其中输入 HTML 代码，如图 2-4 所示。

```
<!DOCTYPE html PUBLIC "-//W3C//DTD XHTML 1.0 Transitional//EN"
"http://www.w3.org/TR/xhtml1/DTD/xhtml1-transitional.dtd">
<html xmlns="http://www.w3.org/1999/xhtml">
<head>
<meta http-equiv="Content-Type" content="text/html; charset=utf-8" />
<title>第一个网页</title>
</head>
<body>
欢迎访问!
我的第一个网页
</body>
</html>
```

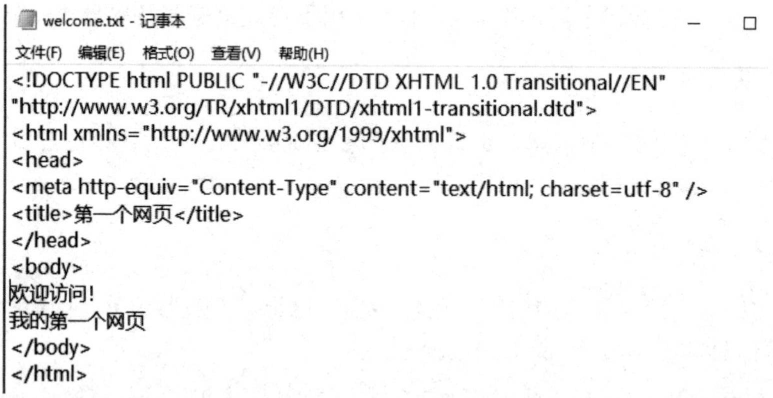

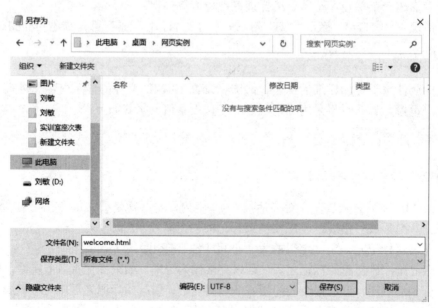

图 2-4　使用记事本编写 HTML 代码

（2）选择菜单栏中的“文件”→“另存为”命令，在弹出的“另存为”对话框中设置“文件名”为以“.html”或者“.htm”为扩展名的名称，设置“保存类型”为所有文件，如图 2-5 所示。

图 2-5　保持 HTML 文件

（3）保存成功后，在存储路径下即可找到保存的网页文件，启动浏览器，然后双击打开文件，效果如图 2-6 所示。

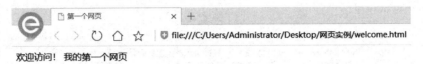

图 2-6　浏览 HTML 网页

任务评价表

表 2-1　认识 HTML 任务评价表

考核项目		评价内容	总分		评价主体	评价方式
平时测试	知识点评价 40%	能够说出什么是 HTML；能够分辨出 HTML 代码结构组成，说出它们的名称	40		专业教师	在线测试自动评分
平时实训任务	技能评价 50%	能够使用记事本编写第一个网页	30	60	专业教师 企业导师	组内自评（30%）组间互评（40%）教师评价（30%）
		能够使用 Dreamweaver 编写第一个网页	10			
		能够熟练的进行文本文档和 HTML 文档的转换	10			
	素养评价 10%	积极主动学习新知	3			
		遵守实训室规定：不带违禁品进入实训室，不在实训室内做与实训无关的事	2			
		乐于探索，勇于创新	3			
		团结合作，乐于助人	2			

任务二　文　本　设　置

任务情境

文本是网页中较多使用的元素之一，是页面中不可缺少的内容，文本的格式可以充分体现文档所要表达的重点。例如，在页面中设置一些段落的格式及丰富的字体，让文本达到赏心悦目的效果。本任务将介绍常用的文本标签，以掌握对页面中文本编排和修饰的方法。

任务要求

制作"红色文化"文本页面，效果如图 2-7 所示。

图 2-7   "红色文化"文本页面

知识准备

一、认识简单文本标签

简单文本标签的基本语法与属性值如表 2-2 所示。

表 2-2   简单文本标签的基本语法与属性值

标记	描述	基本语法格式	常用属性	属性值
<h1>到<h6>	标题标记。从<h1>到<h6>重要性递减，双标记	<hn align="对齐方式">标题文本</hn>	Align 对齐方式	Left：左对齐（默认值） Center：居中对齐。 Right：右对齐
<p></p>	段落标记，双标记	<p align="对齐方式">段落文本</p>	Align 对齐方式	Left：左对齐（默认值） Center：居中对齐。 Right：右对齐

	强制换行标记，单标记	
		
<hr/>	水平分割线标记，单标记	<hr size="3" color="red" width="30%" align="right"/>	Size 水平线粗细	数值
			Width 水平线宽度	数值或百分比（推荐使用）
			Color 水平线颜色	rgb(x,x,x) #xxxxxx colorname
			Align 对齐方式	Center Left Right
<b></b>	文字以粗体显示	<b>我是使用 b 标记加粗的文本</b>		
<i></i>	文字以斜体显示	<i>我是使用 i 标记倾斜的文本</i>		
<s></s>	文字加删除线	<s>我是使用 s 标记加删除线的文本</s>		
<u></u>	文字加下划线	<u>我是使用 u 标记加下划线的文本</u>		

例如，编写代码，完成古诗词鉴赏页面，代码如图 2-8 所示，效果如图 2-9 所示。

```html
1   <!DOCTYPE html>
2   <html>
3       <head>
4           <meta charset="utf-8">
5           <title></title>
6       </head>
7   <body>
8           <h2 align=center>唐诗欣赏</h2>
9           <hr width="100%"size="2" color="red">
10          <p align="center"><b>静夜思</b></p>
11          <p align="center">
12          李白</p>
13          <p align="center">床前明月光,</p>
14          <p align="center">疑似地上霜。</p>
15          <p align="center">举头望明月,</p>
16          <p align="center">低头思故乡。</p>
17          <hr width="100%" size="3" color="yellow"/>
18          <p>
19          <b>【简析】</b>这是写远客思乡之情的诗，诗以明白如话的语言雕琢出明镜醉人的秋夜的意境。
20          </p>
21      </body>
22  </html>
```

图 2-8　古诗词鉴赏代码

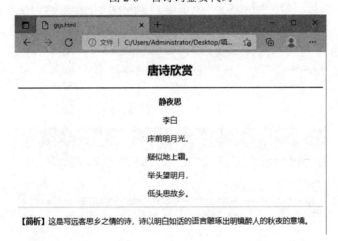

图 2-9　古诗鉴赏

二、认识特殊符号和注释

特殊符号的描述与代码如表 2-3 所示。

表 2-3　特殊符号的描述与代码

特殊字符	描述	字符的代码
	空格符	
<	小于号	&lt;
>	大于号	&gt;
&	和号	&amp;
¥	人民币	&yen;
©	版权	&copy;
®	注册商标	&reg;

续表

特殊字符	描述	字符的代码
°	摄氏度	&deg;
±	正负号	&plusmn;
×	乘号	&times;
÷	除号	&divide;
²	平方2（上标2）	&sup2;
³	立方3（上标3）	&sup3;
	定义注释，表示内容无法在页面中显示	<!--内容-->

例如，编写代码（如图2-10所示），实现如图2-11所示的页面效果。

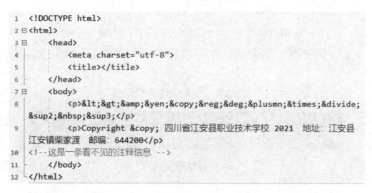

```
1  <!DOCTYPE html>
2  <html>
3      <head>
4          <meta charset="utf-8">
5          <title></title>
6      </head>
7      <body>
8          <p>&lt;&gt;&amp;&yen;&copy;&reg;&deg;&plusmn;&times;&divide;
           &sup2; &sup3;</p>
9          <p>Copyright &copy; 四川省江安县职业技术学校 2021  地址: 江安县
           江安镇柴家渡  邮编: 644200</p>
10     <!--这是一条看不见的注释信息 -->
11     </body>
12 </html>
```

图2-10 特殊符号代码

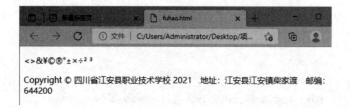

图2-11 特殊符号使用

三、文本样式标记<font></font>

文本样式标记<font></font>的基本语法与属性值如表2-4所示。

表2-4 <font></font>的基本语法与属性值

标记	描述	基本语法格式	常用属性	属性值
<font></font>	文本样式标记。段落标记。双标记。	<font 属性="属性值">文本内容</font>	face 字体	微软雅黑、黑体、宋体等
			size 字号	数值。1-7之间的整数
			Color 颜色	rgb(x,x,x) #xxxxxx colorname

例如，编写代码（如图 2-12 所示），实现如图 2-13 所示的页面效果。

```
1  <!DOCTYPE html>
2 ☐ <html>
3 ☐ <head>
4    <title>文本样式标记font</title>
5    </head>
6 ☐ <body>
7    <h2 align="center">使用font标记设置文本样式</h2>
8    <p>我是默认样式的文本</p>
9    <p><font size="5" color="blue">我是5号蓝色文本</font></p>
10   <p><font size="6" color="red">我是6号红色文本</font></p>
11   <p><font face="微软雅黑" size="7" color="green">我是7号绿色文本,微软雅
     黑字体</font></p>
12   </body>
13   </html>
```

图 2-12　文本样式标记代码

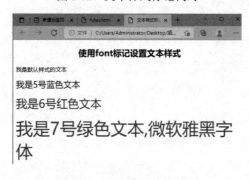

图 2-13　文本样式标记使用

任务分析

1. 结构分析

如图 2-7 所示的红色文化页面由三个部分组成，标题、水平分割线、网页正文。其中标题可以使用<h1>标记定义，水平分割线使用<hr/>标记定义，正文使用两组<p>标记定义。

2. 内容分析

（1）标题——对<h1>标记应用 align="center"，使标题居中；另外，在<h1>中嵌套<font>标记，并对<font>标记应用 color="red"，来设置标题文本的红色字体。

（2）水平分割线——使用<hr/>标记的 size 和 color 属性定义水平线的尺寸和颜色。

（3）正文——使用两组<p>标记，其中嵌套三组<font>标记来控制文本颜色和字体、字号。嵌套<u>和<b>标记，分别为文本添加下划线和进行加粗显示。

任务实施

1. 制作页面结构

根据上面的分析，使用相应的 HTML 标记来搭建页面结构，具体代码如下。

```
<!DOCTYPE html >
```

```
    <html >
        <head>
            <title>红色文化</title>
        </head>
        <body>
            <h1>红色文化</h1>
            <hr/>
            <p>于 1992 年 6 月破土动工,至 1993 年 3 月竣工建成。将纪念馆建立在青峰寺高山上,
是为了纪念 1950 年驻江安县剿匪的解放军第 10 军 28 师 83 团 2 营, 于 5 月 29 日组织的痛歼盘踞在青
峰寺高山上的五百顽匪的剿匪攻坚战及打援中, 英勇牺牲的 13 位烈士（包括营副教导员 1 人, 正副班长 5
人, 战士 7 人, 其中共产党员 9 人）, 当然也是为了纪念在全县剿匪征粮中部队和地方英勇牺牲的数名烈
士, 借以告慰先烈、激励后人。</p>
            <p>梁伯隆（1904～1930）革命烈士。又名廷栋、尚志、靖超、兴谷、伯龙。四川江安
县人。1923 年, 在上海震旦大学肄业, 1924 年加入中国共产党。值第一次国共合作, 去黄埔军校任军需,
参加孙中山讨伐陈炯明的东征之役。1925 年初回上海, 转入上海大学。"五卅惨案"爆发, 任中华全国学
生联合总会代表, 与李硕勋、阳翰笙、刘披云等组织领导反帝反封建的爱国运动。            </p>
        </body>
    </html>
```

运行上述代码，页面效果如图 2-14 所示。

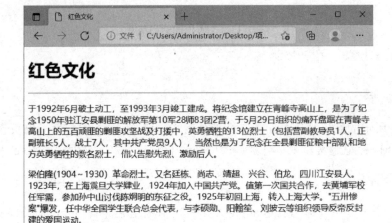

图 2-14　制作页面结构

2. 控制文本样式

下面通过标记的属性及<font>标记，对图 2-14 所示的页面进行修饰，实现如图 2-7 所示的效果，具体代码如下。

```
    <!DOCTYPE html >
    <html>
        <head>
```

```
            <title>红色文化</title>
        </head>
        <body>
            <h1 align="center"><font color="red">红色文化</font></h1>
            <hr/>
            <p><font size="3" color="blue">      
于 1992 年 6 月破土动工，至 1993 年 3 月竣工建成。</font>将纪念馆建立在<font size="5" color=
"purple">青峰寺</font>高山上，是为了纪念 1950 年<b><u>驻江安县剿匪的解放军第 10 军 28 师 83
团 2 营</u></b>，于 5 月 29 日组织的痛歼盘踞在青峰寺高山上的五百顽匪的剿匪攻坚战及打援中，英勇
牺牲的 13 位烈士（包括营副教导员 1 人，正副班长 5 人，战士 7 人，其中共产党员 9 人），当然也是为
了纪念在全县剿匪征粮中部队和地方英勇牺牲的数名烈士，借以告慰先烈、激励后人。</p>
            <p>      <font         size="5"
color="red">梁伯隆（1904～1930）革命烈士。</font>又名廷栋、尚志、靖超、兴谷、伯龙。四川
江安县人。1923 年，在上海震旦大学肄业，1924 年加入中国共产党。值第一次国共合作，去黄埔军校任
军需，参加孙中山讨伐陈炯明的东征之役。1925 年初回上海，转入上海大学。"五卅惨案"爆发，任中华
全国学生联合总会代表，与李硕勋、阳翰笙、刘披云等组织领导反帝反封建的爱国运动。</p>
        </body>
    </html>
```

这时，将文件命名为 demo2-1.html 保存，刷新页面，效果如图 2-7 所示。

■任务评价表

表 2-5 文本设置任务评价表

考核项目		评价内容	总分		评价主体	评价方式
平时测试	知识点评价 40%	能够分辨出文本常用标记； 能够根据标记，正确写出文本标记的相关属性	40		专业教师	在线测试自动评分
平时实训任务	技能评价 50%	能够正确分析出效果图的网页结构	10	60	专业教师 企业导师	组内自评（30%） 组间互评（40%） 教师评价（30%）
		能够根据效果图完成 HTML 代码的编写	20			
		能够根据效果图文字样式效果，完善代码编写，完成任务	20			
	素养评价 10%	积极主动学习新知	3			
		遵守实训室规定：不带违禁品进入实训室，不在实训室内做与实训无关的事	2			
		乐于探索，勇于创新	3			
		团结合作，乐于助人	2			

任务三 图 文 混 排

■任务情境

一个引人入胜的网页，往往包含很多图片。合理地使用图文混排，能使枯燥的网页变得
丰富多彩。本节将使用"图像标记"并通过设置其"相对路径"来制作一个图文混排页面，

效果如图 2-13 所示。

任务要求

制作"红色文化"图文混排页面，效果如图 2-15 所示。

图 2-15　"红色文化"图文混排页面

知识准备

一、认识图片标签

HTML 网页中任何元素的实现都要依靠 HTML 标记，要想在网页中显示图像就需要使用图像标记，接下来将详细介绍图像标记<img />及其相关的属性。其基本语法格式如下。

```
<img src="图像 URL"  />
```

该语法中 src 属性用于指定图像文件的路径和文件名，它是 img 标记的必需属性。

要想在网页中灵活地应用图像，仅仅靠 src 属性是不能够实现的。当然 HTML 还为<img />标记准备了很多其他的属性，具体如表 2-6 所示。

表 2-6　HTML 为<img />标记准备的属性

属性	属性值	描述
alt	文本内容	在图像无法显示时告诉用户该图片的内容
src	URL	规定显示图像的 URL
title	文本内容	用于设置鼠标指针悬停时图像的提示文本
align	top bottom middle left right	规定如何根据周围的文本来排列图像，实现图像和文字的环绕效果
border	px（像素），如 10px	定义图像周围的边框
height	px，如 10px 或百分比，如 80%	定义图像的高度

属性	属性值	描述
hspace	px，如 10px	定义图像左侧和右侧的空白
ismap	URL	将图像定义为服务器端图像映射
longdesc	URL	指向包含长的图像描述文档的 URL
usemap	URL	将图像定义为客户器端图像映射
vspace	px，如 10px	定义图像顶部和底部的空白
width	px，如 10px 或百分比，如 80%	设置图像的宽度

注意

（1）通常情况下，如果不给<img>标记设置宽和高，图片就会按照它的原始尺寸显示，当然也可以手动更改图片的大小。width 和 height 属性用来定义图片的宽度和高度，通常我们只设置其中的一个，另一个会按原图等比例显示。如果同时设置两个属性，且其比例和原图大小的比例不一致，显示的图像就会变形或失真。

（2）默认情况下图像是没有边框的，通过 border 属性可以为图像添加边框、设置边框的宽度，但边框颜色的调整仅仅通过 HTML 属性是不能够实现的。

例如编写代码插入两张图像（如图 2-16 所示），效果如图 2-17 所示。

```html
<!DOCTYPE HTML>
<html>
<body>
<p>
一幅图像：
<img src="img\eg_mouse.jpg" width="128" height="128" />
</p>
<p>
一幅动画图像：
<img src="img\eg_cute.gif" width="50" height="50" />
</p>
<p>请注意，插入动画图像的语法与插入普通图像的语法没有区别。</p>
</body>
</html>
```

图 2-16 插入图像代码 1

一幅图像：

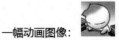

一幅动画图像：

请注意，插入动画图像的语法与插入普通图像的语法没有区别。

图 2-17 插入图像效果

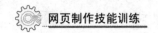

二、相对路径和绝对路径

1. 什么是路径

实际工作中，通常新建一个文件夹专门用于存放图像文件。这时再插入图像，就需要采用"路径"的方式来指定图像文件的位置。通过设置"路径"来帮助浏览器找到图像文件。

2. 绝对路径

绝对路径一般是指带有盘符的路径，例如完整的地址"D:网页设计\教材案例\项目2\images\2.jpg"。

放在 img 标记中就如下面所示：

```
<img src="D:网页设计\教材案例\项目2\images\2.jpg" alt="国立剧专" />
```

3. 相对路径

相对路径不带有盘符，通常是以 HTML 网页文件为起点，通过层级关系描述目标图像的位置。

相对路径的设置分为 3 类：

（1）图像文件和 HTML 文件位于同一文件夹：

只需输入图像文件的名称即可，如<img src="logo.gif" />。

（2）图像文件位于 HTML 文件的下一级文件夹：

输入文件夹名和文件名，之间用"/"隔开，如<img src="img/img01/logo.gif" />。

（3）图像文件位于 HTML 文件的上一级文件夹：

在文件名之前加入"../"，如果是上两级，则需要使用"../ ../"，以此类推，如<img src="../logo.gif" />。

例如编写代码插入两张图像（如图 2-18 所示），一张使用相对路径，一张使用绝对路径，效果如图 2-19 所示。

```
1  <!DOCTYPE HTML>
2  <html>
3  <body>
4  <p>
5  来自另一个文件夹的图像(相对路径):
6  <img src="img\ct_netscape.jpg" />
7  </p>
8  <p>
9  来自 W3School.com.cn 的图像（绝对路径）:
10 <img src="http://www.w3school.com.cn/i/w3school_logo_white.gif" />
11 </p>
12 </body>
13 </html>
```

图 2-18 插入图像代码 2

来自另一个文件夹的图像：

来自 W3School.com.cn 的图像： `W3School`

图 2-19　从不同位置插入图像效果

任务分析

1. 结构分析

如图 2-13 所示的红色文化页面是在本项目任务二的基础上，新增了两张图像，因此，只需要在上次任务基础上新增两个<img />标记就可以了。

2. 内容分析

在两个段落<p>标记的开始添加一个<img/>标记，使用 width 和 height 属性控制图像大小，为了使图像和文本能够实现环绕，使用 align=" left"，设置 hspace= "30"，使图像和文本间有一定的空白间距。

为了更好地组织管理图像，我们需要在项目中新增一个名为 "img" 的文件夹，将两张图片放进去，在<img />标记的 src 属性中使用相对路径进行获取。

任务实施

1. 制作页面结构

根据上面的分析，使用任务二中的 demo2-1.html 文件来搭建网页结构，如下面 demo2-1.html 文件所示。

```
<!DOCTYPE html >
<html >
    <head>
        <title>红色文化</title>
    </head>
    <body>
        <h1 align="center"><font color="red">红色文化</font></h1>
        <hr/>
        <p><font size="3" color="blue">      
于 1992 年 6 月破土动工，至 1993 年 3 月竣工建成。</font>将纪念馆建立在<font size="5" color=
"purple">青峰寺</font>高山上，是为了纪念 1950 年<b><u>驻江安县剿匪的解放军第 10 军 28 师
83 团 2 营</u></b>，于 5 月 29 日组织的痛歼盘踞在青峰寺高山上的五百顽匪的剿匪攻坚战及打援中，
英勇牺牲的 13 位烈士（包括营副教导员 1 人，正副班长 5 人，战士 7 人，其中共产党员 9 人），当然也
是为了纪念在全县剿匪征粮中部队和地方英勇牺牲的数名烈士，借以告慰先烈、激励后人。</p>
```

```
<p>      <font size="5" color="red">梁伯隆
(1904～1930) 革命烈士。</font>又名廷栋、尚志、靖超、兴谷、伯龙。四川江安县人。1923 年，在
上海震旦大学肄业，1924 年加入中国共产党。值第一次国共合作，去黄埔军校任军需，参加孙中山讨伐陈
炯明的东征之役。1925 年初回上海，转入上海大学。"五卅惨案"爆发，任中华全国学生联合总会代表，
与李硕勋、阳翰笙、刘披云等组织领导反帝反封建的爱国运动。</p>
   </body>
</html>
```

运行 demo2-1.html 文件，效果如图 2-16 所示。

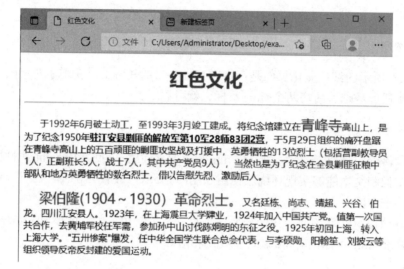

图 2-16　制作页面结构

2. 插入两张图像

在两个段落<p>标记的开始添加一个<img/>标记，对图 2-16 所示的页面进行修饰，实现
图 2-15 所示效果，具体代码如下。

```
<!DOCTYPE html >
<html >
   <head>
      <title>红色文化</title>
   </head>
   <body>
      <h1 align="center"><font color="red">红色文化</font></h1>
      <hr/>
      <p> <img src="img/6.jpg" width="100px" height="90px" align="left"
hspace="30px"/><font size="3" color="blue">     
于 1992 年 6 月破土动工，至 1993 年 3 月竣工建成。</font>将纪念馆建立在<font size="5"
color="purple">青峰寺</font>高山上，是为了纪念 1950 年<b><u>驻江安县剿匪的解放军第 10 军
28 师 83 团 2 营</u></b>，于 5 月 29 日组织的痛歼盘踞在青峰寺高山上的五百顽匪的剿匪攻坚战及打
援中，英勇牺牲的 13 位烈士（包括营副教导员 1 人，正副班长 5 人，战士 7 人，其中共产党员 9 人），
```

```
当然也是为了纪念在全县剿匪征粮中部队和地方英勇牺牲的数名烈士，借以告慰先烈、激励后人。</p>
        <p>    <img   src="img/liang.jpg"   width="100px"   height="90px"
align="left" hspace="30px"/>       <font size="5"
color="red">梁伯隆（1904～1930）革命烈士。</font>又名廷栋、尚志、靖超、兴谷、伯龙。四川
江安县人。1923 年，在上海震旦大学肄业，1924 年加入中国共产党。值第一次国共合作，去黄埔军校任
军需，参加孙中山讨伐陈炯明的东征之役。1925 年初回上海，转入上海大学。"五卅惨案"爆发，任中华
全国学生联合总会代表，与李硕勋、阳翰笙、刘披云等组织领导反帝反封建的爱国运动。</p>
        </body>
    </html>
```

这时，保存 demo2-1.html 文件，刷新页面，效果如图 2-15 所示。

■任务评价表

表 2-7　图文混排任务评价表

考核项目		评价内容	总分		评价主体	评价方式
平时测试 40%	知识点评价 40%	能够描述图像标记的常用属性及使用效果； 能够根据图像地址，正确使用相对地址和绝对地址	40		专业教师	在线测试自动评分
平时实训任务	技能评价 50%	能够正确分析出效果图的网页结构	10	60	专业教师 企业导师	组内自评 （30%） 组间互评 （40%） 教师评价 （30%）
		能够根据效果图完成 HTML 代码的编写	20			
		能够根据效果图文字和图像的结构，完善代码编写，完成任务	20			
	素养评价 10%	积极主动学习新知	3			
		遵守实训室规定：不带违禁品进入实训室，不在实训室内做与实训无关的事	2			
		乐于探索，勇于创新	3			
		团结合作，乐于助人	2			

项目三 使用超链接制作红色文化模块

项目目标

一个网站由多个网页构成，每个网页上都有大量的信息，并且网页与网页之间有一定的联系，就需要使用列表和超链接。本项目要求掌握超链接标记的使用，会在网页中插入多媒体文件。

任务一 使用超链接

任务情境

网页设计好之后，需要在页面之间建立联系，超链接的作用就是为了实现这种联系的，可以实现对众多网络资源，尤其是网页文件的非线性访问。正确、有效地设置网页中的超链接是网站设计的关键，如图 3-1 和图 3-2 所示。通过单击图 3-2 对应的超链接，能显示对应的页面。

首页　　　江安之美　　　名胜古迹　　　竹雕工艺　　　红色文化　　　美食文化

图 3-1　主页

图 3-2

■任务要求

通过本节知识点的学习，能正确、有效地实现页面中的超链接，了解网页链接路径，同时还要合理、恰当地设置不同类型的链接。

■知识准备

一、文件链接的绝对和相对路径

每一个文件都有自己的存放位置和路径，理解一个文件到要链接的那个文件之间的路径关系是创建链接的根本。

URL（统一资源定位符）指的就是每一个网站都具有的地址。同一个网站下的每一个网页都属于同一个地址（站点根目录）之下，在创建一个网站的网页时，不需要为每一个链接都输入完全的地址，我们只需要确定当前文档同站点根目录之间的相对路径关系即可。

链接路径一般分为两种：绝对路径和相对路径。

1. 绝对路径

绝对路径包含了标识 Internet 上的文件所需要的所有信息，文件的链接是相对原文档而定的。包括完整的协议名称、主机名称、文件夹名称和文件名称。其格式如下：

通信协议://服务器地址:通信端口/文件位置/文件名

示例：http://www.zhdtedu.com/aspx/ch/index.aspx

HTTP（Hyper Text Transfer Protocol，超文本传输协议）是 Internet 遵循的一个重要协议，是用于传输 Web 页的客户端/服务器协议。当浏览器发出 Web 页请求时，此协议将建立一个与服务器的链接。当链接畅通后，服务器将找到所请求的页，并将它发送给客户端。信息发送到客户端后，HTTP 将释放此链接。这使得此协议可以接受并服务大量的客户端请求。

Web 应用程序是指 Web 服务器上包含的许多静态的和动态的资源集合。Web 服务器承担着为浏览器提供服务的责任。

在上面的实例中，www.zhdtedu.com 就是资源所在的主机名，通常情况下使用默认的端口号 80。资源在 WWW 服务器主机 aspx 文件来内的 ch 文件夹下，资源的名称为 index.aspx。

2. 相对路径

相对路径是以当前文件所在路径为起点，进行相对文件的查找。一个相对的 URL 不包含协议和主机地址信息，表示它的路径与当前文档的访问协议和主机名相同，甚至有相同的目录路径。通常只包含文件夹名和文件名，甚至只有文件名。可以用相对 UR 指向与源文档位于同一服务器或同文件夹中的文件。此时，浏览器链接的目标文档处在同一服务器或同一文件夹下。

我们经常可以看到"."和".."它们是相对路径中当前目录和上一级目录的意思，其中"."可以省略。

- 如果链接到同一目录下，则只需输入要链接文件的名称。
- 要链接到下级目录中的文件，只需先输入目录名，然后加"/"，再输入文件名。

● 要链接到上一级目录中文件，则先输入"../"，再输入文件名。

二、为文字添加超链接

超链接的标记是<a>，给文字添加超链接类似其他修饰标记。添加了链接后的文字有特殊的样式，以便和其他文字区分开。默认超链接样式为蓝色，带下划线。超链接是跳转另一个页面的，<a>标记有一个 href 属性负责指定新页面的地址。href 指定的地址可以贷时对或绝对地址，一般情况下使用相对地址较多，其在浏览器中显示的效果如图 3-3 所示。具体代码如图 3-4 所示。

首页　　　江安之美　　　名胜古迹　　　竹雕工艺　　　红色文化　　　美食文化

图 3-3　超链接显示效果

```
<html>
  <head>
    <meta http-equiv="Content-Type" content="text/html; charset=gb2312" />
    <title>超链接</title>
  </head>

  <body>
    <a href="#" >首页</a>    
    <a href="#">江安之美</a>    
    <a href="#">名胜古迹</a>    
    <a href="#">竹雕工艺</a>    
    <a href="#">红色文化</a>    
    <a href="#">美食文化</a>    
  </body>
</html>
```

图 3-4　超链接代码

三、为图片添加超链接

除文字可以作为超链接外，图片也可以作为超链接。给图片设置超链接，与文字链接类似。图片加上链接标记后，在 IE 浏览器中默认有 1px 粗的蓝色边框（类似文字链接的蓝色下划线）。可通过图片标记的 border 属性将其边框粗细设置为 0，主要是为了解决浏览器兼容性问题。

示例代码如图 3-5 所示。其在浏览器中的运行效果如图 3-6 所示。

```
1  <html>
2    <head>
3      <meta http-equiv="Content-Type" content="text/html; charset=gb2312" />
4      <title>图片超链接</title>
5    </head>
6
7    <body>
8      <h2>图片超链接</h2>
9      <a href="#"><img src="zhudiao.jpeg"></a>
10   </body>
11 </html>
```

图 3-5　为图片添加超链接示例代码

图 3-6　为图片添加超链接运行效果

四、更改链接的窗口打开方式

在默认情况下，超链接打开新页面的方式是自我覆盖。根据网站类型的不同需要，我们可以指定超链接的其他打开新窗口的方式。超链接标记提供了 target 属性进行设置，取值分别为 _self（自我覆盖，默认）、_blank（创建新窗口打开新页面）、_top（在浏览器的整个窗口打开，将会忽略所有的框架结构）、_parent（在上一级窗口打开）。

五、书签链接

现今很多网页内容比较多，导致页面很长，浏览者需要不断地拖动浏览器的滚动条才能找到需要的内容。超链接的"锚功能"可以解决这个问题。实际上，锚就是用于在单个页面内不同位置的跳转，它也可以称为书签。

超链接标记的 name 属性用于定义书签（锚）的名称，一个页面可以定义多个书签（锚），通过超链接的 href 属性可以根据 name 跳转到对应的书签（锚）。要做出这个效果，需要两种<a>标记的属性配合，一个是 name 属性，另一个是 href 属性。其定义语法如下：

```
单击跳转链接：<a href="#书签名称">甲位置</a>
创建跳转标记：< a name="书签名称">乙位置</a>
```

> **注意**
>
> name 和 href 这两个属性中的"书签名称"必须一致。

图 3-7 所示为书签链接运用的示例代码，其在浏览器中运行效果如图 3-8 所示。

```
<html>
  <head>
    <meta http-equiv="Content-Type" content="text/html; charset=gb2312" />
    <title>书签链接</title>
  </head>
  <body>
    <h1>古诗阅读</h1>
    <p>
      <h3>单击<a href="#静夜思">静夜思</a></h3>
      <h3>单击<a href="#从军行七首之四">从军行七首之四</a></h3>
      <h3>单击<a href="#南国">南国</a></h3>
    </p>
    <hr>
    <a name="静夜思"><h3>静夜思</h3></a>
    <pre>
床前明月光,
疑是地上霜。
举头望明月,
低头思故乡。
    </pre>
    <br><br><br><br><br><br><br><br>
    <a name="从军行七首之四">
      <h3>从军行七首之四</h3>
    </a>
    <pre>
青海长去暗雪山,
孤城遥望玉门关。
黄沙百战穿金甲,
不见楼兰终不还。
    </pre>
    <br><br><br><br><br><br><br><br>
    <a name="南园">
      <h3>南园</h3>
    </a>
    <pre>
男儿何不带吴钩,
收取关山五十州?
请君暂上凌烟阁,
若个书生万户侯?
    </pre>
  </body>
</html>
```

图 3-7　书签链接示例代码

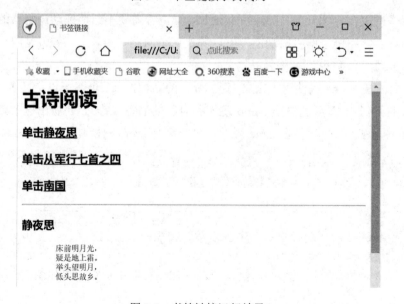

图 3-8　书签链接运行效果

任务实施

1. 制作主页面结构

根据上面的分析，使用相应的 HTML 标记来搭建网页结构，如下面的代码所示。

```html
<html>
  <head>
    <meta http-equiv="Content-Type" content="text/html; charset=gb2312" />
    <title>超链接</title>
  </head>

  <body>
    <a href="zy.html" >首页</a>    
    <a href="jazm.html">江安之美</a>    
    <a href="msgj.html">名胜古迹</a>    
    <a href="zdgy.html">竹雕工艺</a>    
    <a href="hswh.html">红色文化</a>    
    <a href="mswh.html">美食文化</a>    
  </body>
</html>
```

运行上述代码，效果如图 3-9 所示。

图 3-9　主页面结构代码运行效果

2. 制作分页面结构

根据上面的分析，使用相应的 HTML 标记来搭建分页结构，如下面的代码所示。

```html
<html>
  <head>
    <meta http-equiv="Content-Type" content="text/html; charset=gb2312" />
    <title>超链接</title>
  </head>

  <body>
```

```
    <p align="center">
      <font size="7">江安之美</font>
    </p>
    <img src="花.jpg" height="250" width="230">
    <img src="房子.jpg" height="250" width="230">
    <img src="景色.jpg" height="250" width="230">
    <img src="建筑.jpg" height="250" width="230">
    <img src="风景.jpg" height="250" width="230">
    <p style="letter-spacing:180"><!--用于设置字符间距-->
      <font size="6">仁义礼智信</font>
    </p>
    </body>
</html>
```

这时，以 jazm.html 命名保存文件，刷新页面，效果如图 3-10 所示。

图 3-10   分页面结构代码运行效果

■任务评价表

表 3-1   使用超链接任务评价表

考核项目		评价内容	总分		评价主体	评价方式
平时测试 40%	知识点评价 40%	能够创建不同类型的超链接； 能够熟练使用<a>标记的相关属性	40		专业教师	在线测试自动评分
平时实训 任务	技能评价 50%	能合理布局网页	10	60	专业教师 企业导师	组内自评（30%） 组间互评（40%） 教师评价（30%）
		能够根据效果图完成 HTML 代码的编写	20			
		能够正确分析出效果图的网页结构	20			
	素养评价 10%	积极主动学习新知	3			
		遵守实训室规定：不带违禁品进入实训室，不在实训室内做与实训无关的事	2			
		乐于探索，勇于创新	3			
		团结合作，乐于助人	2			

任务二　在网页中插入音频和视频

▋任务情境

随着网络技术的发展，简单的图文网页已经不能满足用户的需求，为了吸引更多的用户，多媒体页面应运而生。页面中插入的动画、音频、视频、表单、行为等多媒体元素，极大地丰富了页面的表现形式，使浏览者可以更立体地接收网页信息。

▋任务要求

通过本任务的学习，能正确、合理地实现在页面中插入音频和视频文件。

▋知识准备

1. 使用<EMBED>标记插入音频和视频

格式：

```
<EMBED SRC="音频或视频 URL 地址">
```

功能：在网页中播放插入的音频或视频文件。

说明：<EMBED>标记的常属性及含义如表 3-2 所示。

表 3-2　<EMBED>标记的常属性

属性	功能
AUTOSTART	设置音频或视频文件是否在下载完之后自动播放，取值为 TRUE 表示自动播放，FALSE 表示不自动播放，默认取值为 FALSE
LOOP	设置音频或视频文件是否循环播放以及循环播放的次数，取值为一正整数时，表示循环播放的次数，取值为 TRUE 表示无限次循环播放，FALSE 表示只播放一次
STARTIME	设置音频或视频文件开始播放的时间。未定义则从文件开始处播放
VOLUME	设置音频或视频文件的音量大小。未定义则使用系统本身的设定
WIDTH	设置播放音频或视频文件的控制面板的宽度。取值为正整数或百分数，单位为像素
HEIGHT	设置播放音频或视频文件的控制面板的高度。取值为正整数或百分数，单位为像素
HIDDEN	设置播放音频或视频文件的控制面板是否显示，取值为 TRUE 表示显示，FALSE 表示不显示，默认取值为 FALSE
CONTROLS	设置播放音频或视频文件的控件面板样式。取值为 console 表示正常面板，smallcon-sole 表示较小面板，playbutton 表示只显示播放按钮，pausebutton 表示只显示暂停按钮，stopbutton 表示只显示停止按钮，volumelever 表示只显示音量调节按钮

2. 使用<BGSOUND>标记为网页插入背景音乐

格式：

```
<BGSOUND  SRC="音乐文件 URL 地址">
```

功能：在当前网页中插入背景音乐。

说明：< BGSOUND >只适用于 IE 浏览器，常用属性如表 3-3 所示。

表 3-3 < BGSOUND >常用属性

属性	功能
AUTOSTART	设置背景音乐是否在下载完之后自动播放,取值动播放, FALSE 表示不自动播放，默认取值为 FALSE
LOOP	设置背景音乐是否循环播放及循环播放次数，取值为一正整数时，表示循环播放的次数，取值为 infinite 表示无限次循环播放，直到关闭该网页

例如：

```
< BGSOUND SRC ="天路．mid" AUTOSTART=" true" LOOP="infinite">
```

▌任务实施

图 3-11 中有 4 张图片，请尝试将这 4 张图片制作成 Flash 文件，并且循环播放。

图 3-11 Flash 文件效果

▌任务评价表

表 3-4 在网页中插入音频和视频任务评价表

考核项目		评价内容	总分		评价主体	评价方式
平时测试	知识点评价40%	能够插入视频文件； 能够插入音频文件	40		专业教师	在线测试自动评分
平时实训任务	技能评价50%	能合理布局网页	10	60	专业教师 企业导师	组内自评(30%) 组间互评（40%） 教师评价(30%)
		能根据要求插入 Flash 文件	20			
		能够正确分析出效果图的网页结构	20			
	素养评价10%	积极主动学习新知	3			
		遵守实训室规定：不带违禁品进入实训室，不在实训室内做与实训无关的事	2			
		乐于探索，勇于创新	3			
		团结合作，乐于助人	2			

项目四　使用列表制作夕佳山民居

项目目标

在网页制作中，合理地使用列表可以使网页中显示的信息条理清楚、整齐直观，便于用户理解。通过本项目的学习，学生能准确掌握不同类型的有序列表及无序列表，做出图 4-1 所示的效果。

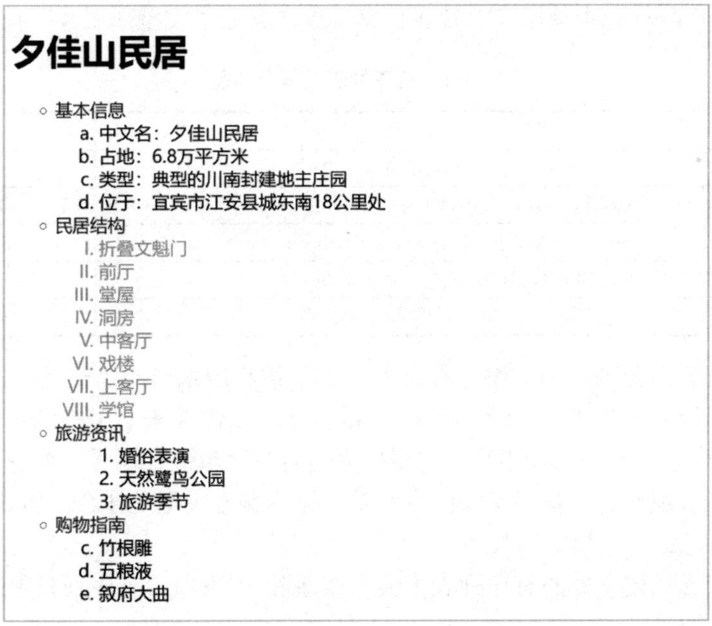

图 4-1　用有序列表和无序列表制作夕佳山民居

任务一　有 序 列 表

任务情境

有序列表，顾名思义就是每一项都和顺序有关的表现形式。在默认情况下，有序列表的列表项目前显示 1，2，3……序号，从数字 1 开始计数，可以使用用 TYPE 属性更改有序列表序号的样式，还可以定义 start 属性设置列表序号的起始值。

任务要求

使用有序列表制作夕佳山民居中所有的有序列表项，效果如图 4-1 所示。

知识准备

有序列表基本语法格式如下：

```
<ol >
    <li >项一</li>
    <li >项二</li>
</ol>
```

功能：在页面中建立一个具有多个列表项的有序列表。

说明：

（1）有序列表中各列表项在默认情况下采用从 1 开始的阿拉伯数字进行编号。列表项的编号类型可以在<ol>标记中使用 TYPE 属性来设置。其编号类型如表 4-1 所示。

表 4-1　有序列表的编号类型

类型	含义	示例
1	表示列表项用阿拉伯数字编号（1,2……）	<ol type=" 1" >
A	表示列表项用大写英语字母编号（A,B……）	<ol type=" A" >
a	表示列表项用小写英语字母编号（a,b……）	<ol type=" a" >
I	表示列表项用阿拉伯数字编号（I,II……）	<ol type=" I" >
i	表示列表项用阿拉伯数字编号（i,ii……）	<ol type=" i" >

（2）有序列表中各列表项的编号都是从上到下按相应编号类型从其中的第一个值开始的。编号的起始值可以在< OL >标记中用 START 属性来设置例如<0L TYPE=" A" START="3" >，表示在有序列表中列表项采用大写英文字母进行编号，列表项从大写英文字母 C 开始进行依次编号。在这里必须注意的是，无论编号类型是什么，用 START 属性指定编号的起始值时，都只能指定为数字。

（3）如果在已经建立好的有序列表中插入或删除-列表项，有序列表中的各列表项的编号将会自动进行调整。

（4）列表中各列表项具有自动换行的功能,无须再在其后添加< BR >换行标记进行换行。

（5）建立有序列表为组合型标记,其中的各个标记绝不能单独使用。

注意

在 HTML 中相对复杂的网页元素都是以组合型标记的形式来实现的,如未特殊说明,所涉及的这些组合型标记中的各个标记都不能单独使用。

示例代码如下：

```
<!DOCTYPE html PUBLIC "-//W3C//DTD XHTML 1.0 Transitional//EN" "http://
www.w3.org/TR/xhtml1/DTD/xhtml1-transitional.dtd">
<html>
<head>
  <meta http-equiv="Content-Type" content="text/html; charset=gb2312" />
```

```
    <title>有序列表</title>
</head>
<body>
    <h2>课程的任务安排</h2>
    <ol>
      <li>讲解 HTML 列表。</li>
        <li>演示列表案例。</li>
        <li>要求学员做好笔记。</li>
        <li>布置练习题。</li>
        <li>归纳学员练习时出现的问题。</li>
    </ol>
</body>
</html>
```

运行效果如图 4-2 所示。

图 4-2　有序列表代码运行效果 1

任务分析

本任务只要求做有序列表的相关内容。从浏览器结果上可看出本项目主要是练习 type 和 start 两个属性的使用。

任务实施

```
<!DOCTYPE html PUBLIC "-//W3C//DTD XHTML 1.0 Transitional//EN" "http://
www.w3.org/TR/xhtml1/DTD/xhtml1-transitional.dtd">
<html>
<head>
    <meta http-equiv="Content-Type" content="text/html; charset=gb2312" />
    <title>有序列表</title>
</head>
<body>
    <h2>夕佳山民居</h2>
    <ol type="a">
```

```
            <li>中文名: 夕佳山民居</li>
            <li>占地: 6.8万平方米</li>
            <li>类型: 典型的川南封建地主庄园</li>
            <li>位于: 宜宾市江安县城东南18公里处</li>
        </ol>
        <ol type="I">
            <li>折叠文魁门</li>
            <li>前厅</li>
            <li>堂屋</li>
            <li>洞房</li>
            <li>中客厅</li>
            <li>戏楼</li>
            <li>上客厅</li>
            <li>学馆</li>
        </ol>
        <ol>
            <li>婚俗表演</li>
            <li>天然鹭鸟公园</li>
            <li>旅游季节</li>
        </ol>
        <ol type="a" start="3">
            <li>竹根雕</li>
            <li>五粮液</li>
            <li>叙府大曲</li>
        </ol>
    </body>
</html>
```

运行效果如图4-3所示。

图4-3　有序列表代码运行效果2

任务评价表

表 4-2 有序列表任务评价表

考核项目		评价内容	总分		评价主体	评价方式
平时测试 40%	知识点评价 40%	能创建有序列表 能够分辨列表的类型	40		专业教师	在线测试自动评分
平时实训 任务	技能评价 50%	能够创建不同类型的有序列表	30	60	专业教师 企业导师	组内自评（30%） 组间互评（40%） 教师评价（30%）
		能合理布局页面	10			
		能判断有序列表的类型	10			
	素养评价 10%	积极主动学习新知	3			
		遵守实训室规定：不带违禁品进入实训室，不在实训室内做与实训无关的事	2			
		乐于探索，勇于创新	3			
		团结合作，乐于助人	2			

任务二 无 序 列 表

任务情境

<ul>标记定义无序列表，顾名思义，就是项目之间不存在次序关系的表现形式。在默认情况下，无序列表的列表项目前显示"实心圆点符号"为序号，可以使用 type 属性更改无序列表序号的样式。

任务要求

使用无序列表制作如图 4-1 所示的夕佳山民居中所有的无序列表项。

知识准备

无序列表基本语法格式如下：

```
<ul>
    <li >项一</li>
    <li >项二</li>
</ul>
```

功能：在页面中建立一个具有多个列表项的无序列表。

说明：无序列表中各列表项在默认情况为实心圆点。列表项的符号类型可以在<ul>标记中使用 TYPE 属性来设置。其编号类型如表 4-3 所示。

表 4-3　无序列表的编号类型

类型	含义	示例
disc	表示列表项符号为实心圆●	<ul type="disc">
circle	表示列表项符号为空心圆〇	<ul type="circle">
square	表示列表项符号为实心方块■	<ul type="square">

示例代码如下：

```
<!DOCTYPE html PUBLIC "-//W3C//DTD XHTML 1.0 Transitional//EN" "http://
www.w3.org/TR/xhtml1/DTD/xhtml1-transitional.dtd">
<html>
<head>
 <meta http-equiv="Content-Type" content="text/html; charset=gb2312" />
 <title>无序列表</title>
</head>
<body>
 <h2>我国四大名著是：</h2>
 <ul type="circle">
   <li>西游记</li>
   <li>水浒传</li>
   <li>红楼梦</li>
   <li>三国演义</li>
 </ul>
</body>
</html>
```

运行结果如图 4-4 所示。

图 4-4　无序列表代码运行效果 1

任务分析

要求制作本任务中的无序列表。

任务实施

```
<!DOCTYPE html PUBLIC "-//W3C//DTD XHTML 1.0 Transitional//EN" "http://
www.w3.org/TR/xhtml1/DTD/xhtml1-transitional.dtd">
    <html>
    <head>
        <meta http-equiv="Content-Type" content="text/html; charset=gb2312" />
        <title>有序列表</title>
    </head>
    <body>
        <h2>夕佳山民居</h2>
        <ul type="circle">
            <li>基本信息</li>
            <li>民居结构</li>
            <li>旅游资讯</li>
            <li>购物指南</li>
        </ul>
    </body>
    </html>
```

运行结果如图 4-5 所示。

图 4-5　无序列表代码运行效果 2

任务评价表

表 4-5　无序列表任务评价表

考核项目		评价内容	总分		评价主体	评价方式
平时测试	知识点评价 40%	能创建无序列表	40		专业教师	在线测试自动评分
平时实训 任务	技能评价 50%	能够创建不同类型的无序列表	30	60	专业教师 企业导师	组内自评（30%） 组间互评（40%） 教师评价（30%）
		能合理布局页面	20			

续表

考核项目	评价内容		总分	评价主体	评价方式
平时实训任务	素养评价10%	积极主动学习新知	3	60		
		遵守实训室规定：不带违禁品进入实训室，不在实训室内做与实训无关的事	2			
		乐于探索，勇于创新	3			
		团结合作，乐于助人	2			

任务三　定义列表与列表嵌套

▌任务情境

定义列表通常用在对名词解释或概念的定义上，与有序列表和无序列表不同。列表嵌套是指多于一级层次的列表，一级项目下可以存在二级项目、三级项目等。简单地说，列表嵌套就是指在一个列表中嵌套着另一个完整的列表。

▌任务要求

利用列表嵌套实现如图 4-1 所示的功能。

▌知识准备

1. 定义列表

```
<dl>
    <dt >概念</dt><dd>概念定义</dd>
    <dt >概念</dt><dd>概念定义</dd>
<dt >概念</dt><dd>概念定义</dd>
</dl>
```

功能：在页面中建立一个定义列表。

建立定义列表，示例代码如下：

```
<!DOCTYPE html PUBLIC "-//W3C//DTD XHTML 1.0 Transitional//EN"
"http://www.w3.org/TR/xhtml1/DTD/xhtml1-transitional.dtd">
<html>
<head>
  <meta http-equiv="Content-Type" content="text/html; charset=gb2312" />
  <title>定义列表</title>
</head>
<body>
  <h2>古诗两首: </h2>
  <dl>
```

```
    <dt><font color="red" size="+2">静夜思</font></dt>
       <dd>床前明月光，疑是地上霜。举头望明月，低头思故乡。</dd>
    <dt><font color="red" size="+2">春晓</font></dt>
       <dd>春眠不觉晓，处处闻啼鸟。夜来风雨声，花落知多少。</dd>
  </dl>
</body>
</html>
```

执行结果如图 4-6 所示。

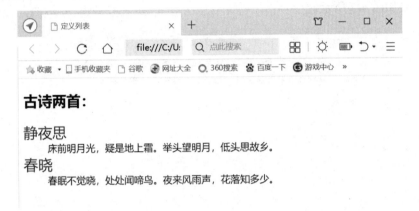

图 4-6 定义列表代码运行效果

2. 列表嵌套

HTML 标记是可以嵌套的，所以列表也是可以嵌套的。当列表中的某些列表项还是列表时，就可以使用列表嵌套。在网页中使用列表嵌套功能，可以重复地使用 ol 和 ul 标记。

建立嵌套列表，示例代码如下：

```
<!DOCTYPE html PUBLIC "-//W3C//DTD XHTML 1.0 Transitional//EN" "http://
www.w3.org/TR/xhtml1/DTD/xhtml1-transitional.dtd">
<html>
<head>
 <meta http-equiv="Content-Type" content="text/html; charset=gb2312" />
 <title>列表嵌套</title>
</head>
<body>
 <ul>
<li>第一章</li>
       <ul>
          <li>第一节</li>
          <li>第二节</li>
          <li>第三节</li>
        </ul>
     <li>第二章</li>
```

```
            <ul>
                <li>第一节</li>
                <li>第二节</li>
                <li>第三节</li>
            </ul>
        </ul>
    </body>
</html>
```

运行效果如图 4-7 所示。

图 4-7 列表嵌套代码运行效果

任务分析

按图 4-8 所示的要求，实现无序列表与有序列表的嵌套效果。

图 4-8 无序列表与有序列表的嵌套效果

任务实施

```
<!DOCTYPE html PUBLIC "-//W3C//DTD XHTML 1.0 Transitional//EN" "http://
www.w3.org/TR/xhtml1/DTD/xhtml1-transitional.dtd">
<html>
<head>
  <meta http-equiv="Content-Type" content="text/html; charset=gb2312" />
<title>夕佳山民居简介</title>
</head>
<body>
  <h1>夕佳山民居</h1>
  <font color="red">
  <ul>
<li>基本信息</li>
    <font color="blue"><ol>
          <li>中文名：夕佳山民居</li>
          <li>占地：6.8 万平方米</li>
          <li>类型：典型的川南封建地主庄园</li>
          <li>位于：宜宾市江安县城东南 18 公里处</li>
      </ol>
    </font>
<li>民居结构</li>
    <font color="blue"><ol>
          <li>折叠文魁门</li>
          <li>前厅</li>
          <li>堂屋</li>
          <li>洞房</li>
          <li>中客厅</li>
          <li>戏楼</li>
          <li>上客厅</li>
          <li>学馆</li>
      </ol>
    </font>
<li>旅游资讯</li>
    <font color="blue"><ol>
          <li>婚俗表演</li>
          <li>天然鹭鸟公园</li>
          <li>旅游季节</li>
      </ol>
    </font>
<li>购物指南</li>
    <font color="blue"><ol>
```

```
        <li>竹根雕</li>
        <li>五粮液</li>
        <li>叙府大曲</li>
      </ol>
    </font>
  </ul>
  </font>
</body>
</html>
```

■ 任务评价表

表4-6　定义列表与列表嵌套任务评价表

考核项目		评价内容	总分		评价主体	评价方式
平时测试	知识点评价 40%	列表合理嵌套	40		专业教师	在线测试自动评分
平时实训任务	技能评价 50%	能创建有序与无序列表	30	60	专业教师 企业导师	组内自评（30%） 组间互评（40%） 教师评价（30%）
		能合理布局页面	10			
		能体现列表嵌套	10			
	素养评价 10%	积极主动学习新知	3			
		遵守实训室规定：不带违禁品进入实训室，不在实训室内做与实训无关的事	2			
		乐于探索，勇于创新	3			
		团结合作，乐于助人	2			

项目五 使用表格

项目目标

表格是网页中常用的信息展示方式，是页面布局极为有用的设计工具。大部分网站中的主页是用表格来布局的。表格可以控制文本和图形在页面上出现的位置。在设计页面时，往往要利用表格来定位页面元素，通过设置表格和单元格的属性，可实现对页面元素的准确定位，合理地利用表格来布局页面，有利于协调页面结构的平衡。创建好表格后，可以在表格中输入文字、插入图像、修改表格属性、嵌套表格等。本项目我们就来学习如何使用表格。

任务一 创 建 表 格

任务情境

表格是网页中常用的信息展示方式，是页面布局极为有用的设计工具。大部分网站中的主页是用表格来布局的。表格可以控制文本和图形在页面上出现的位置。

任务要求

通过本任务的学习，理解表格标记及各个属性的含义，能完成单元格的合并、拆分等操作；能对表格进行大小调整，并能对表格元素进行相关设置。

知识准备

一、认识表格标记

一般格式如下：

```
<TABLE>
  <CAPTION  align=left | right | center | top | bottom   valign= top | bottom>
标题</CAPTION>
  <TR><TH>表头 1</TH>  <TH>表头 2</TH>…<TH>表头 n</TH></TR>
  <TR><TD>表项 11</TD><TD>表项 12</TD><TD>表项 1n</TD></TR>
……
  <TR><TD>表项 m1</TD><TD>表项 m2</TD>…<TD>表项 mn</TD></TR>
</TABLE>
```

二、表格的属性设置

1. 表格标记属性（表5-1）

表5-1　表格标记属性

属性	功能	示例
WIDTH	设置表格的宽度（单位可为 px 或百分比）	<TABLE WIDTH="300">
HEIGHT	设置表格的高度（单位可为 px 或百分比）	<TABLE HEIGHT ="200">
ALIGN	设置表格在页面中的水平对齐方式	<TABLE ALIGN ="right">
BACKGROUND	设置表格的背景图片	<TABLE BACKGROUND ="p.gif">
BGCOLOR	设置表格的背景颜色	<TABLE BGCOLOR ="red">
BORDER	设置表格边框的宽度（单位为 px，默认为 0，无边框）	<TABLE BORDER ="3">
BORDERCOLOR	设置表格的边框颜色	<TABLE BORDERCOLOR ="red">
CELLSPACING	设置单元格之间的间距（单位为 px，默认为 1，有间距）	<TABLE CELLSPACING ="2">
CELLPADDING	设置单元格与单元格边界间的距离（单位为 px）	<TABLE CELLPADDING ="2">

2. <TR>标记的属性设置（表5-2）

表5-2　<TR>标记的属性设置

属性	功能	示例
HEIGHT	设置表格行的高度（单位可为 px 或百分比）	<TR HEIGHT ="200">
ALIGN	设置行内容的水平对齐方式	<TR ALIGN ="right">
VALIGN	设置行内容的垂直对齐方式，取值可为 top、middle 或 bottom，分别表示数据内容在行的垂直方向上靠上、居中或靠下。	<TR HEIGHT ="middle">
BGCOLOR	设置行的背景颜色	<TR BGCOLOR ="blue">
BORDERCOLOR	设置行的边框颜色	<TR BORDERCOLOR ="#A5302E">

3. <TD>标记的属性设置（表5-3）

表5-3　<TD>标记的属性设置

属性	功能	示例
WIDTH	设置单元格的宽度（单位可为 px 或百分比）	<TD WIDTH ="300">
HEIGHT	设置单元格的高度（单位可为 px 或百分比）	<TD HEIGHT ="200">
ALIGN	设置单元格中数据的水平对齐方式	<TD ALIGN ="right">
VALIGN	设置单元格中数据的垂直对齐方式	<TD VALIGN ="middle">
BGCOLOR	设置单元格的背景颜色	<TD BGCOLOR ="blue">
BORDERCOLOR	设置单元格的边框颜色	<TD BORDERCOLOR ="#A5302E">
BACKGROUND	设置单元格的背景图片	<TD BACKGROUND ="pic.jpg">
ROWSPAN	设置单元格在列内合并的行数	<TR ROWSPAN ="2">
COLSPAN	设置单元格在行内合并的列数	<TD COLSPAN ="2">

任务分析

表格中都有多少行？多少列？不规则的部分怎样定义？

任务实施

1. 创建标准表格

创建如图 5-1 所示的标准表格。

合肥科技有限公司材料库存表

入库日期	材料编码	材料名称	材料类别	入库数量	材料单位	材料成本
2014-03-12	yj01al	希捷键盘	硬件类	80	块	350
2014-03-18	wl01a3	测试线	工具类	50	个	180
2014-04-06	hc01a02	水晶头	耗材类	150	盒	120

图 5-1　标准表格

示例代码如下：

```
<html>
 <head>
  <title>建立一个简单地表格</title>
 </head>
 <body>
   <table border="3" align="center" bgcolor="pink" bordercolorlight=
"red" bordercolordark="gray">
     <caption >合肥科技有限公司材料库存表</caption>
     <tr>
        <th>入库日期</th>
        <th>材料编码</th>
        <th>材料名称</th>
        <th>材料类别</th>
        <th>入库数量</th>
        <th>材料单位</th>
        <th>材料成本</th>
     </tr>
     <tr>
        <td>2014-03-12</td>
        <td>yj01al</td>
        <td>希捷键盘</td>
        <td>硬件类</td>
        <td>80</td>
        <td>块</td>
```

```
        <td>350</td>
      </tr>
      <tr>
        <td>2014-03-18</td>
        <td>w101a3</td>
        <td>测试线</td>
        <td>工具类</td>
          <td>50</td>
          <td>个</td>
          <td>180</td>
      </tr>
      <tr>
        <td>2014-04-06</td>
        <td>hc01a02</td>
        <td>水晶头</td>
        <td>耗材类</td>
        <td>150</td>
        <td>盒</td>
        <td>120</td>
      </tr>
    </table>
  </body>
</html>
```

2. 合并单元格

创建如图 5-2 所示的表格。

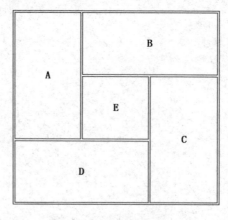

图 5-2　合并单元格效果

示例代码如下：

```
<HTML>
```

```
<HEAD><TITLE>表格</TITLE></HEAD>
<body >
<center>
    <table border>
        <tr align="center">
            <td rowspan="2" width="100" height="200"><b>A</b></td>
            <td colspan="2" width="200" height="100"><b>B</b></td>
        </tr>
        <tr align="center">
            <td width="100" height="100"><b>E</b></td>
            <td rowspan="2" width="100" height="200"><b>C</b></td>
        </tr>
        <tr align="center">
            <td colspan="2" width="200" height="100"><b>D</b></td>
        </tr>
    </table>
</center>
</body >
</HTML>
```

3. 创建学生成绩表

创建如图 5-3 所示的学生成绩表。

学生成绩表

学号	姓名	语文	数学	外语		总分	
				英语	俄语	小计	合计
001	邓巧	80	90	80	100	100	100

图 5-3　学生成绩表

例代码如下：

```
<html>
        <head> <title>建立一个简单表格</title> </head>
<body>
    <table border cellpadding="0">
        <caption> <h1> <font color="red">学生成绩表 </font></h1></caption>
        <tr>
            <th rowspan="2">学号</th>
            <th rowspan="2">姓名</th>
            <th rowspan="2">语文</th>
            <th rowspan="2">数学</th>
```

```
          <th colspan="2">外语</th>
          <th colspan="2">总分</th>
      </tr>
      <tr>
          <th>英语</th>
          <th>俄语</th>
          <th>小计</th>
          <th>合计</th>
      </tr>
      <tr>
          <td>001</td>
          <td>邓巧</td>
          <td>80</td>
          <td>90</td>
          <td>80</td>
          <td>100</td>
          <td>100</td>
          <td>100</td>
      </tr>
      </table>
   </body>
</html>
```

4. 创建诗两首表格

创建如图 5-4 所示的诗两首表格。

诗两首			
游子吟	慈母手中线， 意恐迟迟归。	游子身上衣。 谁知寸草心，	临行密密缝， 报得三春晖。
锄禾日当午， 汗滴禾下土。	悯农		谁知盘中餐， 粒粒皆辛苦。

图 5-4　诗两首表格

示例代码如下：

```
<HTML>
      <HEAD><TITLE>表格</TITLE></HEAD>
      <body >
   <center>
   <table border>
      <tr align="center">
          <td colspan="4" >诗两首</td>
```

```
        </tr>
        <tr >
            <td rowspan="2" >游子吟</td>
            <td >慈母手中线，</td>
            <td>游子身上衣。</td>
            <td>临行密密缝，</td>
        </tr>
        <tr >
            <td >意恐迟迟归。</td>
            <td>谁知寸草心，</td>
            <td>报得三春晖。</td>
        </tr>
        <tr >
            <td >锄禾日当午，</td>
            <td colspan="2"  rowspan="2" align="center">悯农</td>
            <td>谁知盘中餐，</td>
        </tr>
        <tr >
            <td >汗滴禾下土。</td>
            <td>粒粒皆辛苦。</td>
        </tr>
    </table>
  </center>
 </body >
 </HTML>
```

▌任务评价表

表5-4　创建表格任务评价表

考核项目		评价内容	总分		评价主体	评价方式
平时测试 40%	知识点评价 40%	认识表格标记； 认识表格标记属性； 认识<TR>标记的属性设置； 认识<TD>标记的属性设置	40		专业教师	在线测试自动评分
平时实训任务	技能评价 50%	能写出表格标记的语法格式	10	60	专业教师 企业导师	组内自评（30%）组间互评（40%）教师评价（30%）
		正确创建表格，完成单元格横向、纵向的合并	20			
		正确定义单元格的内容	10			
		正确设置表格的大小、边框等	10			
	素养评价 10%	积极主动学习新知	3			
		遵守实训室规定：不带违禁品进入实训室，不在实训室内做与实训无关的事	2			
		乐于探索，勇于创新	3			
		团结合作，乐于助人	2			

任务二　制作竹雕工艺展示模块

▌任务情境

在设计页面时，往往要利用表格来定位页面元素，通过设置表格和单元格的属性，可实现对页面元素的准确定位，合理地利用表格来布局页面，有利于协调页面结构的平衡。创建好表格后，可以在表格中输入文字、插入图像、修改表格属性、嵌套表格等。本任务我们通过设置表格和单元格的属性，制作竹雕工艺展示模块。

▌任务要求

通过本任务的学习，进一步理解表格标记及各个属性的含义，并使用表格进行网页布局。

▌知识准备

一、插入图片

1. 认识图像格式

（1）GIF 格式

GIF 格式适合于商标、新闻式的标题或其他小于 256 色的图像。它采用的 LZW 压缩不会造成任何品质上的损失，而且压缩率高，适合在互联网上使用。

（2）JPEG 格式

JPEG 格式通常用来保存超过 256 色的图像格式。

（3）PNG 格式

PNG 格式提供了将图像文件以最小的方式压缩又不造成图像失真的技术。

2. 添加图像

一般格式如下：

```
<img src="图像文件的地址"/>
```

在该语法中，src 参数用来设置图像文件所在的地址，可以是相对路径，也可以是绝对路径。

二、图片的属性设置

图片属性功能及示例如表 5-5 所示。其中，align 的取值及含义如表 5-6 所示。

表5-5 图片属性功能及示例

属性	功能	示例
width	设置图像的宽度（单位是px）	`<img src="pic.jpg" width="260" />`
height	设置图像的高度（单位是px）	`<img src="pic.jpg" height="140" />`
border	设置图像的边框	`<img src="pic.jpg" border="2" />`
hspace	设置图像水平间距	`<img src="pic.jpg" hspace="50" />`
vspace	设置图像垂直间距	`<img src="pic.jpg" vspace="50" />`
align	设置图像相对于文字基准线的对齐方式。取值和含义如表5-6所示	`<img src="pic.jpg" align="top" />`
alt	设置图像的提示文字	`<img src="pic.jpg" alt="史密斯夫妇" />`

表5-6 align 的取值及含义

align 的取值	表示的含义
top	图像的顶部和同行的最高部分对齐
middle	图像的中部和行的中部对齐
bottom	图像的底部和同行文本的底部对齐
texttop	图像的顶部和同行中最高的文本顶部对齐（Netscape）
absmiddle	图像的中部和同行中最大项的中部对齐（Netscape）
baseline	图像的底部和文本的基线对齐（Netscape）
absbottom	图像的底部和同行中的最低项对齐（Netscape）
left	图像和左边界对齐（文本环绕图像）
right	图像和右边界对齐（文本环绕图像）

任务分析

怎样在表格中插入图片呢？

任务实施

制作如图5-5所示的竹雕工艺展示模块。

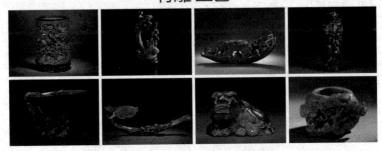

图 5-5 竹雕工艺展示模块

江安竹簧工艺历史悠久，明代正德年间即已达到兴盛。1915年，江安竹簧作品《花蓝》在巴拿马万国博览会上获优胜奖，由此开始走向世界。江安竹簧制品有竹簧、竹筷、竹筒、竹根雕、竹编、竹装修等七大类上千个工艺品种，其造型和雕刻既保留了中国书画的笔墨神韵，又显示出民族工艺的独特技巧。

示例代码如下:

```
<html>
    <body>
        <table cellpadding="3" >
            <tr align="center" >
                <th colspan="4">
                <font size=7 fontname="微软雅黑"> 竹雕·工艺 </font> </th>
            </tr>
            <tr align="center">
                <th> <img src="zhudiao.jpeg" width=600px height=550px> </th>
                <th> <img src="zhudiao1.jpg" width=600px height=550px> </th>
                <th> <img src="zhudiao2.jpg" width=600px height=550px> </th>
                <th> <img src="zhudiao3.jpg" width=600px height=550px> </th>
            </tr>
            <tr align="center">
                <th> <img src="zhudiao4.jpg" width=600px height=550px> </th>
                <th> <img src="zhudiao5.jpg" width=600px height=550px> </th>
                <th> <img src="zhudiao6.jpg" width=600px height=550px> </th>
                <th> <img src="zhudiao7.jpg" width=600px height=550px> </th>
            </tr>
            <tr align="center">
                <th colspan="4">
                    <font size=6 >江安竹黄工艺历史悠久，明代正德年间即已达到兴盛。
1915 年，江安竹黄作品《花篮》在巴拿马万国博览会上获优胜奖，由此开始走向世界。江安竹黄制品有竹
黄、竹筷、竹筒、竹根雕、竹编、竹装修等七大类上千个工艺品种，其造型和雕刻既保留了中国书画的笔
墨神韵，又显示出民族工艺的独特技巧。</font>
                </th>
            </tr>
        </table>
    </body>
</html>
```

▌任务拓展

完成如图 5-6 所示的个人简历表制作。

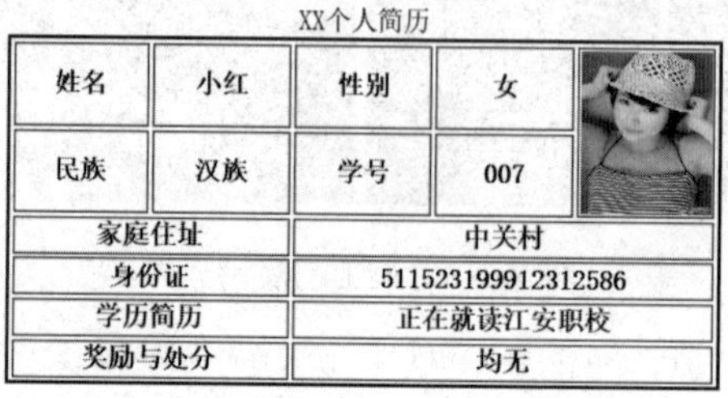

XX个人简历				
姓名	小红	性别	女	
民族	汉族	学号	007	
家庭住址		中关村		
身份证		511523199912312586		
学历简历		正在就读江安职校		
奖励与处分		均无		

图 5-6　个人简历表

示例代码如下：

```
<html><head><title>个人简历</title></head>
    <body>
        <center>
        <table border="2"  >
            <caption>XX 个人简历</caption>
            <tr align="center">
                <th width="80">姓名</th>
                <th  width="80">小红</th>
                <th  width="80">性别</th>
                <th  width="80">女</th>
                <th rowspan="2" height="96"  width="80">
                    <img src="1.jpg" width="80" height="96">
            </th>
            </tr>
            <tr align="center">
                <th >民族</th>
                <th>汉族</th>
                <th>学号</th>
                <th>007</th>
            </tr>
            <tr align="center">
                <th colspan="2">家庭住址</th>
                <th colspan="3">中关村</th>
            </tr>
            <tr align="center">
                <th colspan="2">身份证</th>
                <th colspan="3">511523199912312586</th>
            </tr>
            <tr align="center">
                <th colspan="2">学历简历</th>
                <th colspan="3">正在就读江安职校</th>
            </tr>
            <tr align="center">
                <th colspan="2">奖励与处分</th>
                <th colspan="3">均无</th>
            </tr>
        </table>
        </center>
    </body>
</html>
```

任务评价表

表 5-7　制作竹雕工艺展示模块任务评价表

考核项目		评价内容	总分		评价主体	评价方式
平时测试	知识点评价 40%	认识图像标记； 认识图像标记属性	40		专业教师	在线测试自动评分
平时实训任务	技能评价 50%	进一步掌握表格标记的语法格式	10	60	专业教师 企业导师	组内自评（30%） 组间互评（40%） 教师评价（30%）
		能正确创建表格，完成单元格横向、纵向的合并	10			
		能正确将图片定义在单元格内	10			
		正确设置图片的大小等属性	20			
	素养评价 10%	积极主动学习新知	3			
		遵守实训室规定：不带违禁品进入实训室，不在实训室内做与实训无关的事	2			
		乐于探索，勇于创新	3			
		团结合作，乐于助人	2			

课后习题

根据题目要求将代码补充完整，完成后的效果如图 5-7 所示。

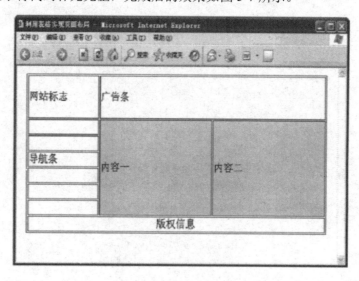

图 5-7　习题效果图

1. 表格宽度 650px，对齐方式"居中"。
2. 表格边线的宽度 1px，边线颜色红色。
3. "网站标志"所在的单元格宽度 150px，高度 80px。
4. "广告条"所在单元格合并 2 个水平格。
5. "内容一"和"内容二"所在单元格合并 6 个单元格，背景颜色为蓝色。
6. "版权信息"单元格合并 3 个水平单元格，对齐方式"居中"。

```
<html>
    __①_____
    <table align= ② ____    ③ _____="650" ④ ____="1" bordercolor= ⑤ ____>
        <tr height="60">
            <td ⑥ _____="150"  ⑦ _____="80">网站标志</td>
            <td ⑧ _____="2">广告条</td>
        </tr>
        <tr>
            <td>____⑨____</td>
            <td ⑩ _____="6"  11_____="blue" >内容一</td>
            <td ⑩ _____="6"  11_____="blue" >内容二</td>
        </tr>
        <tr>
            <td> ____⑨____ </td>
        </tr>
        <tr>
            <td> __12_____ 导航条</td>
        </tr>
        <tr>
            <td> ____⑨____ </td>
        </tr>
        <tr>
            <td>____⑨____ </td>
        </tr>
        <tr>
            <td> ____⑨____ </td>
        </tr>
        <tr align=__13_____>
            <td __14_____="3" >版权信息</td>
            __15_____
        __16_____
    </body>
    __17_____
```

项目六　使 用 表 单

项目目标

表单的用途很多，在制作网页，特别是动态网页时常常会用到。表单主要用来收集客户端提供的相关信息，使网页具有交互功能。本项目我们就来学习如何使用表单。

任务一　制作用户注册页面

任务情境

在进行用户注册时，必须通过表单填写用户的相关信息。当填写完信息并提交后，表单的内容就从客户端的浏览器传送到服务器上，经过服务器处理程序后，再将用户所需信息传送回客户端的浏览器上，这样网页就具有了交互性。

任务要求

通过本任务的学习，学会基本的表单制作，会使用表单各元素构建表单的各个板块内容。

知识准备

一、认识表单标记

一般格式如下：

```html
<html>
    <head><title>表单</title></head>
    <body>
        <form>......
        </form>
    </body>
</html>
```

二、表单的基础属性

1. 表单的基本属性

在表单的<form>标记中，可以设置表单的基本属性，包括表单的名称、处理程序、传送方法等。

一般情况下，表单的处理程序 action 和传送方法 method 是必不可少的参数。表 6-1 所示为表单的基本属性及其含义。

表 6-1　表单的基本属性及其含义

表单的基本属性	含义
action	表单的处理程序，采用电子邮件方式 action="mailto:指定的电子邮件地址"
name	表单名称
method	处理程序从表单中获得信息的方式（指定数据传送到服务器的方式）取值为 get 或 post 当 method=get 时，将输入数据加在 action 指定的地址后面传送到服务器； 当 method =post 时则将输入数据按照 HTTP 传输协议中的 post 传输方式传送到服务器，用电子邮件接收用户信息采用这种方式
enctype	表单信息提交的编码方式
target	显示表单返回信息的窗口的打开方式
onsubmit onreset	主要针对 submit 按钮和 reset 按钮来说的，分别设定在按下相应的按钮之后要执行的子程序

2. 表单的基本属性示例

```
<html>
    <head>
        <title>表单的基本属性</title>
    </head>
    <body>
        下面是关于本产品的调查内容：
        <!--这是一个没有控件的表单-->
        <form action="mailto:abcd@163.com" name="research" method="post"
enctype=" Text/plain " target="_self">
        </form>
    </body>
</html>
```

三、添加控件

1. 控件添加方式

按照控件的填写方式可以分为输入类和菜单列表类控件。

输入类控件一般以 input 标记开始，说明这一控件需要用户的输入；而菜单列表类则以 select 开始，表示用户需要选择。

在 HTML 中，input 参数是最常用的控件标记。

语法：

```
<form>
    <input  name="控件名称"  type="控件类型"/>
</form>
```

其中，控件名称是为了便于程序对不同控件的区分，而 type 参数则是确定了这个控件的类型。

2. 输入类控件的 type 可选值（表 6-2）

表 6-2　输入类控件的 type 可选值

type 的取值	含义
text	文字字段
password	密码域，输入内容以*代替
radio	单选按钮
checkbox	复选框
button	普通按钮
submit	提交按钮
reset	重置按钮
image	图形域
hidden	隐藏域，内容只传递到服务器，不显示
file	文件域

3. 输入类控件

（1）文字字段——text

网页中最常见的就是文本字段的表单，如网页的用户登录区，如图 6-1 所示。

文字字段的 type 属性为 text，在页面中以单行文本框的形式显示。

语法：

```
<form ……>
    <input  type="text"  name="控件名称"  size="控件长度"  maxlength="
最长字符数"  value="文字字段的默认取值"/>
</form>
```

其中，控件名称用于和页面中其他控件加以区别，命名时不能包含特殊字符，也不能用 HTML 预留字作为名称。

控件长度 size 是以字符作为单位的。

图 6-1　网页的用户登录区示例效果

（2）密码域——password

密码域在页面中的效果和文字字段相同，但是当用户输入文字时，这些文字只显示"*"，如图 6-2 所示。

语法：

```
<form ……>
    <input  type="password"  name="控件名称"  size="控件长度"  maxlength="
最长字符数"  value="文字字段的默认取值"/>
```

```
</form>
```

其中，各属性取值方式与文本域相同。

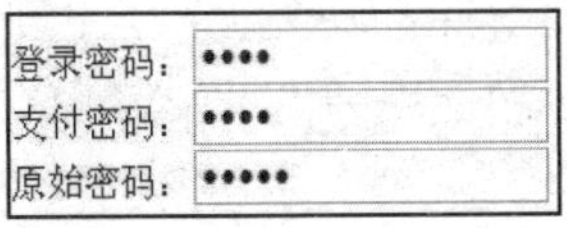

图 6-2　密码域示例效果

（3）单选按钮——radio

单选按钮用来让浏览者进行单一选择，在页面中以圆框表示。

语法：

```
<input type="radio" value="单选按钮的值" name="单选按钮的名称" checked="checked" />
```

其中，value 用来设置用户选中该项目后，传送到处理程序中的值，在单选按钮控件中必须设置 value 的值。

而对于一组单选按钮来说，往往要设定同样的一个名称，这样在传递时才能更好地对某一个选择内容的取值进行判断。

另外，checked 属性表示这一单选按钮默认被选中，而一组单选按钮中只能有一个按钮设置为 checked。

示例代码如下，运行效果如图 6-3 所示。

```
<form name="example" action="deal.asp" method="post">
    <input type="radio" name="test" value="answerA" checked="checked" />
鞋尖朝入口处排好
    <input type="radio" name="test" value="answerB" />鞋尖朝进来的方向排好
    <input type="radio" name="test" value="answerC" />就是脱掉的样子
    <input type="radio" name="test" value="answerD" />由同住在一起的人帮你脱
</form>
```

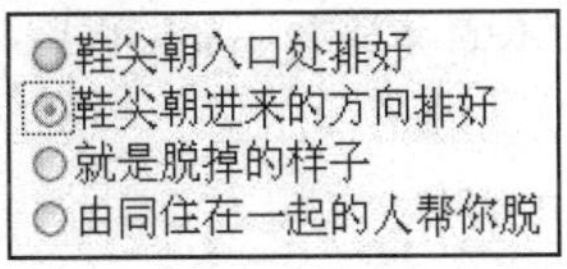

图 6-3　单选按钮示例效果

（4）复选框——checkbox

如果选择的内容可以是一个或者多个，就可以使用复选框控件。

语法：

```
<input type="checkbox" value="复选按钮的值" name="复选按钮的名称" checked="checked" />
```

其中，value 和 name 的取值方法跟单选框类似，而不同的是，一个选择组中可以有多个

73

复选框被选中,即有多个复选框可以设置 checked 属性。

示例代码如下,运行效果如图 6-4 所示。

```
<form name="example" action="deal.asp" method="post">
    <input type="checkbox" name="test" value="A2" checked="checked"/>竞走
    <input type="checkbox" name="test" value="A3"/>体操
    <input type="checkbox" name="test" value="A1" checked="checked"/>保龄
    <input type="checkbox" name="test" value="A4" />自行车
......
</form>
```

图 6-4　复选框示例效果

(5) 普通按钮——button

普通按钮一般要配合脚本来进行表单处理,如图 6-5 所示。

语法:

```
<input type="button" name="按钮名称" value="显示在按钮上的文字" onclick="处理程序" />
```

其中,value 的取值就是显示在按钮上面的文字,通过 onclick 属性可以设置当单击按钮时所进行的操作。

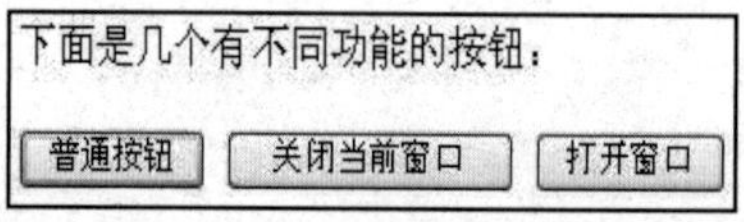

图 6-5　普通按钮示例效果

(6) 提交按钮——submit

提交按钮是一种特殊的按钮,不需要设置 onclick 属性,在单击该类按钮时,可以实现表单内容的提交,如图 6-6 所示。

语法:

```
<input type="submit" name="按钮名" value="显示在按钮上的文字" />
```

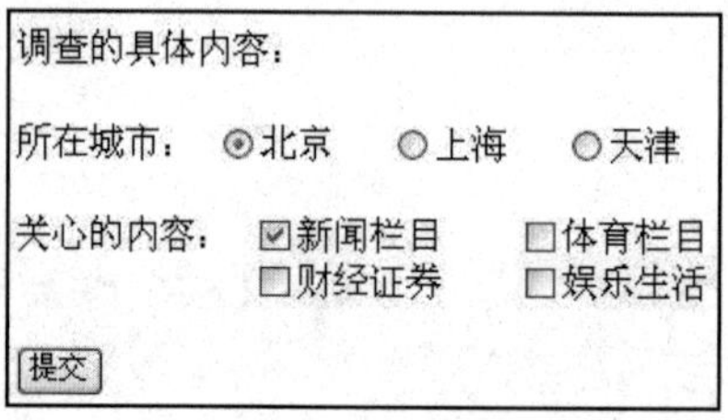

图 6-6　提交按钮示例效果

（7）重置按钮——reset

重置按钮可以用来清除用户在页面中输入的信息，如图 6-7 所示。

语法：

```
<input type="reset" name="按钮名" value="显示在按钮上的文字" />
```

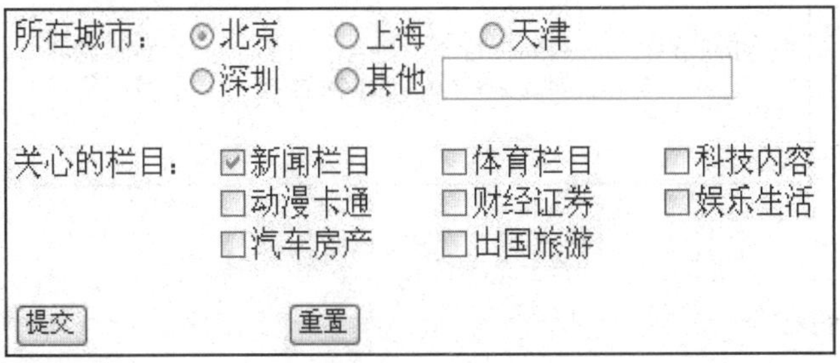

图 6-7　重置按钮示例效果

（8）图像域——image

图像域常用来创建特殊效果的按钮，因此也常被称为图像提交按钮，如图 6-8 所示。

语法：

```
<input type="image" src="图像地址" name="图像域名称" />
```

其中，图像地址可以是相对或绝对地址。

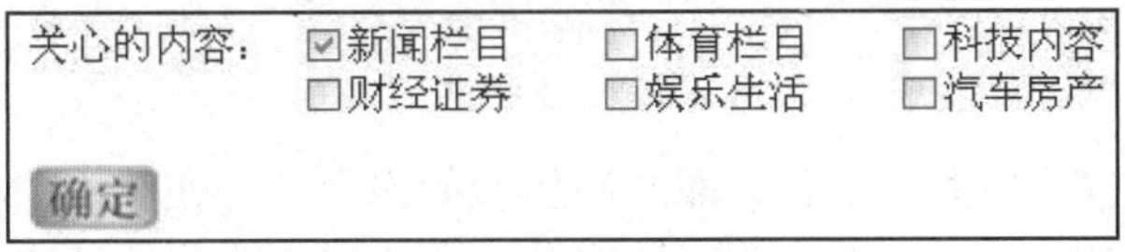

图 6-8　图像域示例效果

（9）隐藏域——hidden

表单中的隐藏域主要用来传递一些参数，这些参数不需要在页面中显示。

当浏览者提交表单时，隐藏域的内容会一起提交给处理程序。

语法：

```
<input type="hidden" name="隐藏域名称" value="提交的值" />
```

示例代码如下：

```
<form name="example" action="deal.asp" method="post">
<!--添加隐藏内容-->
    <input type="hidden" name="page_id" value="example"/>
</form>
```

（10）文件域——file

文件域在上传文件时常常用到，它用于查找硬盘中的文件路径，然后通过表单将选中的文件上传。在设置电子邮件的附件、上传头像、发送文件时，常常会看到这一控件，如图 6-9 所示。

语法：

```
<input type="file" name="文件域的名称" />
```

在页面中会添加一个"浏览"按钮，单击它会弹出"选择文件"对话框。

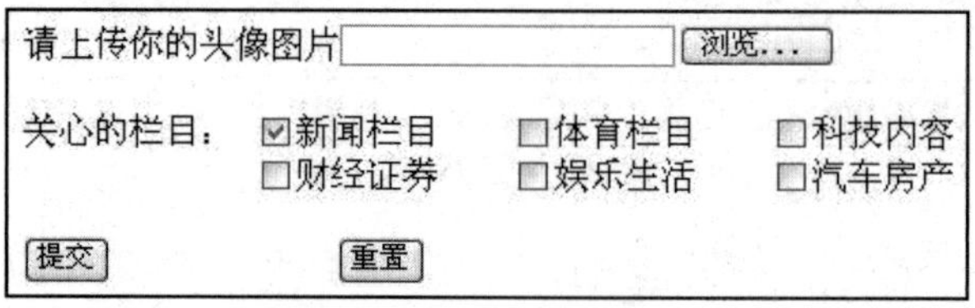

图 6-9　文件域示例效果

4. 菜单列表类的控件

（1）下拉菜单

菜单列表类控件主要是用来进行选择给定答案的一种，这类选择往往答案比较多，使用单选按钮比较浪费空间。菜单和列表都是通过<select>和<option>标记来实现的。

下拉菜单是一种最节省页面空间的选择方式。

语法：

```
<select name="下拉菜单的名称">
    <option value="选项值" selected="selected" >选项显示的内容</option>
    <option value="选项值" >选项显示的内容</option>……
</select>
```

其中，选项值是提交表单时的值，而选项显示的内容才是在页面中显示的选项。默认情况下被选中则设置 selected 属性，一个下拉菜单中只能有一项默认被选中。

示例代码如下，运行效果如图 6-10 所示。

```
<select name="cardtype">
    <option value="id_card" selected="selected">身份证</option>
    <option value="stu_card">学生证</option>
    <option value="drive_card">驾驶证</option>
    <option value="other_card">其他证件</option>
</select>
```

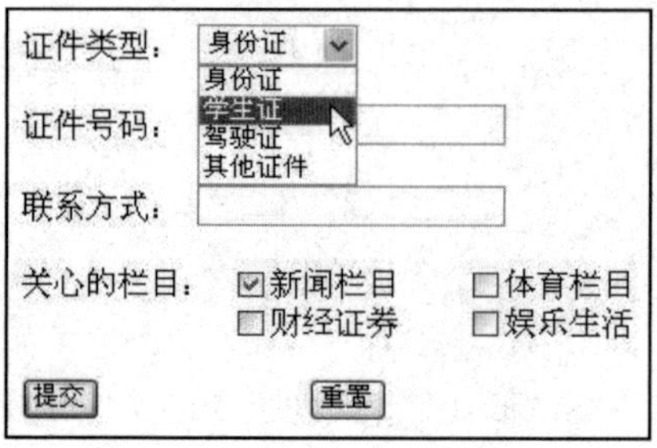

图 6-10　下拉菜单

（2）列表项

列表项的设置方法与下拉菜单类似。不同的是，列表项在页面中可以显示出几条信息，一旦超出这个信息数量，在列表右侧会出现滚动条。

语法：

```
<select  name="列表项的名称"  size="显示的列表项数"  multiple="multiple">
    <option  value="选项值"  selected="selected" >
        选项显示的内容    </option>
    <option  value="选项值" >选项显示的内容</option>……
</select>
```

其中，size 设定页面中的最多列表项数，当超过这个值时会出现滚动条。multiple 表示这一列表可以进行多项选择。

示例代码如下，运行效果如图 6-11 所示。

```
<select name="content" size="5" multiple="multiple"/>
    <option value="M1" selected="selected">体育栏目</option>
    <option value="M2">科技内容</option>
    <option value="M3">新闻栏目</option>
    <option value="M4">卡通动漫</option>
    <option value="M5" selected="selected">财经证券</option>
    <option value="M6">娱乐生活</option>
    <option value="M7">汽车房产</option>
    <option value="M8">出国旅游</option>
</select>
```

图 6-11　列表项示例效果

5. 文本域标记

除以上两大类控件外，还有一种特殊定义的文本样式，称为本域。它与文字字段的区别在于可以添加多行文字，从而可以输入更多的文本，如图 6-12 所示。

语法：

```
<textarea  name="文本域名称"  value="文本域默认值"  rows="行数"  cols="列数">
</textarea>
```

其中，rows 值文本域的行数，也就是高度值，当超出这个高度时会出现滚动条；cols 设置宽度值。

留言：

[提交]   [重置]

图 6-12 文本域标记示例效果

▌任务实施

1. 创建表单

创建如图 6-13 所示的表单，示例代码如图 6-14 所示。

图 6-13 表单效果

```
1  <!DOCTYPE html>
2  <html>
3      <head>
4          <meta charset="UTF-8">
5          <title>表单提交</title>
6      </head>
7      <body>
8          <!--form标签用于创建一个表单，会将里面的内容一起发送服务器，结构类似于表格-->
9          <!--表单中的其它元素都要包含在form标签中-->
10         <!--form元素属性：-->
11             <!--1.必须，action指定表单发送的地址（服务器地址）-->
12             <!--2.method:表单数据发送至服务器的方法，常用的有两种：get/post,默认：get-->
13             <!--3.name:用来为当前表单定义一个独一无二的名称，控制表单与后台程序之间的关系-->
14             <!--4.novalidate:设置数据提交时不进行验证，通常不会用到-->
15             <!--5.target:设置目标窗口打开方式，通常不会用到-->
16
17         <form action="https://www.51zxw.net" method="get" name="51zxw" >
18             <input type="text" name="myname" id="uname" value="请输入..." />
19             <input type="submit" value="发送" />
20         </form>
21
22      </body>
23  </html>
1  <!DOCTYPE html>
2  <html>
3      <head>
4          <meta charset="UTF-8">
5          <title>get/post区别</title>
6      </head>
7      <body>
8
9          <!--get/post区别-->
10         <!--get方法提交，数据会附在网址之后提交给服务器，不安全，数据量很小-->
11
12         <!--post方法提交，创建子页面用网址开头，将表单中的所有数据打包成文件发送服务器，更加安全
       ，数据量不受限制，是使用最多的方式-->
13
14
15         <form action="https://www.51zxw.net" method="post" name="51zxw" >
16             <input type="text" name="myname" id="uname" value="请输入..." />
17             <input type="submit" value="发送" />
18         </form>
19
20      </body>
21  </html>
```

图 6-14 创建表单示例代码

2. 创建会员注册表单

创建如图 6-15 所示的会员注册表单，示例代码如图 6-16 所示。

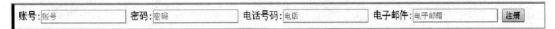

图 6-15　会员注册表单

```
1   <!DOCTYPE html>
2   <html lang="zh-cn">
3   <head>
4       <meta charset="UTF-8">
5       <title>3.22 课堂演示</title>
6   </head>
7   <body>
8       <form action="">
9           账号:<input type="text" name="user" id="user" placeholder="账号" required="">
10          密码:<input type="password" name="password" id="password" placeholder="密码">
11          电话号码:<input type="tel" name="tel" id="tel" placeholder="电话">
12          电子邮件:<input type="email" name="email" id="email" placeholder="电子邮箱">
13          <input type="submit" value="注册" >
14      </form>
15  </body>
16  </html>
```

图 6-16　创建会员注册表单示例代码

3. 创建用户注册表单

创建如图 6-17 所示的用户注册表单，示例代码如图 6-18 所示。

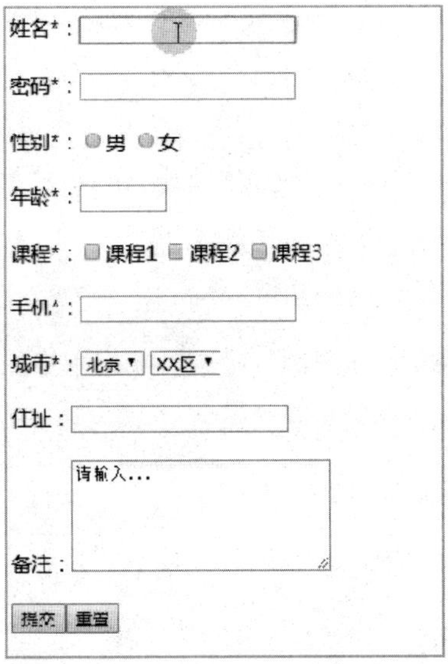

图 6-17　用户注册表单

```html
<!DOCTYPE html>
<html>
    <head>
        <meta charset="UTF-8">
        <title>表单实战</title>
    </head>
    <body>
        <form action="" method="post">
            姓名*：<input type="text" name="user" required/><br /><br />
            密码*：<input type="password" name="pwd" required/><br /><br />
            性别*：<input type="radio" name="sex" value="1"/>男
                <input type="radio" name="sex" value="0"/>女
            <br /><br />
            年龄*：<input type="number" name="age" min="0" max="100"/>
            <br /><br />
            课程*：<input type="checkbox" name="kc[]" value="k1"/>课程1
                <input type="checkbox" name="kc[]" value="k2"/>课程2
                <input type="checkbox" name="kc[]" value="k3"/>课程3
            <br /><br />
            手机*：<input type="text" name="tel" pattern="[0-9]{11}"/><br /><br />
            城市*：<select name="city1">
                    <option value="bj">北京</option>
                    <option value="sh">上海</option>
                </select>
                <select name="city2" >
                    <option value="xx">XX区</option>
                    <option value="yy">YY区</option>
                </select>
            <br /><br />
            住址：<input type="text" name="add"/><br /><br />
            备注：<textarea name="bz" style="width: 200px;height: 80px;">请输入...</textarea>
            <br /><br />
            <input type="submit"/><input type="reset" />
        </form>
```

图 6-18　创建用户注册表单示例代码

任务拓展

创建如图 6-19 所示的注册表单，示例代码如图 6-20 所示。

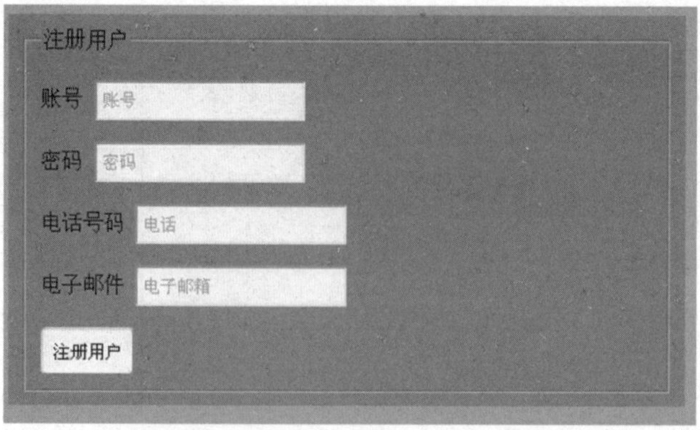

图 6-19　注册表单

```
1   <!DOCTYPE html>
2   <html lang="zh-cn">
3   <head>
4       <meta charset="UTF-8">
5       <title>3.22 课堂演示</title>
6       <style type="text/css">
7           form{width: 400px;background: #9370D8;padding: 10px;margin-top: 150px;margin-left: 300px}
8           button{background: #808080;padding: 8px;border-radius: 5px}
9           button:hover{padding: 10px; background: #2F4F4F;border-radius: 5px}
10          input{padding:8px;background:#f8f8f8}
11          input:focus{padding:8px;background:#FFC0CB}
12      </style>
13  </head>
14  <body>
15      <form action="">
16      <fieldset>
17      <legend>注册用户</legend>
18          <p><label for="user">账号:</label><input type="text" name="user" id="user" placeholder="
19          账号" required=""></p>
19          <p><label for="password">密码:</label> <input type="password" name="password" id="
20          password" placeholder="密码"></p>
20          <p><label for="tel">电话号码:</label><input type="tel" name="tel" id="tel" placeholder="
21          电话"><br></p>
21          <p><label for="email">电子邮件:</label><input type="email" name="email" id="email"
22          placeholder="电子邮箱"></p>
22      <!--    <input type="submit" value="注册" >       -->
23          <button>注册用户</button>
24      </fieldset>
25
26      </form>
27  </body>
28  </html>
```

图 6-20　注册表单示例代码

任务评价表

表 6-3　制作用户注册页面任务评价表

考核项目		评价内容	总分	评价主体	评价方式
平时测试 40%	知识点评价 40%	了解表单的定义、属性; 掌握表单元素的创建方法、属性设置方法	40	专业教师	在线测试自动评分
平时实训 任务	技能评价 50%	认识表单的功能,能挣钱使用表单标记创建表单	10	专业教师 企业导师	组内自评(30%) 组间互评(40%) 教师评价(30%)
		认识表单控件,能用 input 标记标记表单控件	20		
		灵活运用表单元素制作表单	20	60	
	素养评价 10%	积极主动学习新知	3		
		遵守实训室规定:不带违禁品进入实训室,不在实训室内做与实训无关的事	2		
		乐于探索,勇于创新	3		
		团结合作,乐于助人	2		

任务二　表格与表单嵌套

任务情境

从前面的练习中发现表单对象的位置不好控制,加入能进行布局的表格,就能比较准确地控制表单对象的位置。

任务分析

表单对象要定义在 form 标记内，为了避免重复书写 form 标记，将表单标记写在表格标记的外面，即表单内嵌表格。

任务实施

创建如图 6-21 所示的用户注册表，示例代码如图 6-22 所示。

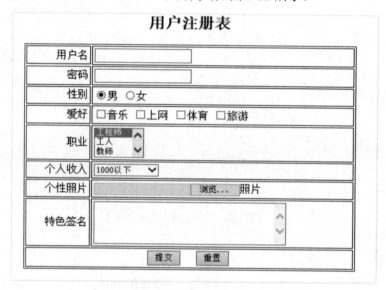

图 6-21 用户注册表效果

```
<html>
<head>
 <title>表单</title>
</head>
<body bgcolor="#c0c0c0">
<font face="华文新魏" >
<form action="" method="post">
 <table border=1 bordercolor="#aaff00" width=600px height=400px align=center cellspacing=3 cellpadding=0>
 <caption> <font size="5" color="red">留言板</font> </caption>
 <tr>
   <td>
    昵称:
   </td>
   <td>
    <input type="text" size=36>
   </td>
 </tr>
 <tr>
   <td>
    密码:
   </td>
   <td>
    <input type="password" size=40 maxlength=10>
   </td>
 </tr>
```

图 6-22 用户注册表示例代码

```
   <tr>
    <td>
     邮箱：
    </td>
    <td>
     <input type="text" size=30>  @  
     <input type="text" size=10>
    </td>
   </tr>
   <tr>
    <td>
     照片：
    </td>
    <td>
     <input type="file" size=30>
     <input type="submit" value="提交">
    </td>
   </tr>
   <tr>
    <td>
     性别：
    </td>
```

```
  <td>
   <input type="radio" value="男" name="xingbie" checked> 男  
   <input type="radio" value="女" name="xingbie"> 女  
  </td>
 </tr>
 <tr>
  <td>
   爱好：
  </td>
  <td>
   <input type="checkbox" value="篮球"> 篮球  
   <input type="checkbox" value="羽毛球"> 羽毛球  
   <input type="checkbox" value="网球"> 网球  
   <input type="checkbox" value="上网"> 上网  
   <input type="checkbox" value="吃"> 吃  
  </td>
 </tr>
 <tr>
  <td>
   学历：
  </td>
```

```
  <td>
   <select>
    <option>博士</option>
    <option>硕士</option>
    <option>大学</option>
    <option>高中</option>
    <option>初中</option>
   </select>
  </td>
 </tr>
 <tr>
  <td>
   留言：
  </td>
  <td>
   <textarea name="liuyan" rows=10 cols=55>请留言！</textarea>
  </td>
 </tr>
 <tr>
  <td colspan=2 align=center>
   <input type="submit" value="提交">  
   <input type="reset" value="重置">
  </td>
 </table>
</form>
</font>
</body>
</html>
```

图 6-22（续）

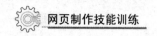

■ 任务评价表

表6-4　表格与表单嵌套任务评价表

考核项目		评价内容	总分		评价主体	评价方式
平时测试	知识点评价 40%	进一步认识表格标记及属性； 进一步认识认识\<TR\>标记和\<TD\>标记的属性设置； 进一步认识表单的定义、属性； 进一步掌握表单元素的创建方法、属性设置方法	40		专业教师	在线测试自动评分
平时实训任务	技能评价 50%	进一步掌握表单标记及表单对象标记的语法格式	5	60	专业教师 企业导师	组内自评（30%）组间互评（40%）教师评价（30%）
		进一步掌握表格标记的语法格式	5			
		能正确创建表格，完成单元格横向、纵向的合并并能正确定义单元格的内容表格的大小、边框等	20			
		能通过表单与表格的嵌套，准确控制表单对象的位置	20			
	素养评价 10%	积极主动学习新知	3			
		遵守实训室规定：不带违禁品进入实训室，不在实训室内做与实训无关的事	2			
		乐于探索，勇于创新	3			
		团结合作，乐于助人	2			

项目七　制作旅游景点宣传模块

江安有着丰富的旅游资源，近年来，江安的环境在县政府的带领下，得到了质的提升。这座江边小城，不断的散发出迷人的魅力，除了本地人每天游览，还吸引了众多外地人前来打卡。小丽准备制作一个旅游景点宣传页面，展示江安美景。

任务一　认识框架

▋任务情境

小丽在学习网页制作时，在查看其他网页代码的过程中发现，很多网页上都使用了frameSet、frame、iframe、noframe 标记。通过自主查找发现，这些标记都属于网页框架标记，除此之外，还发现了另外一些大秘密。接下来，我们一起去探秘吧！

▋任务要求

经过前面的学习，我们知道江安有很多的旅游打卡点，接下来，请为江安制作一个旅游景点宣传页，用于介绍江安的各个打卡点。样例效果如图 7-1 所示。

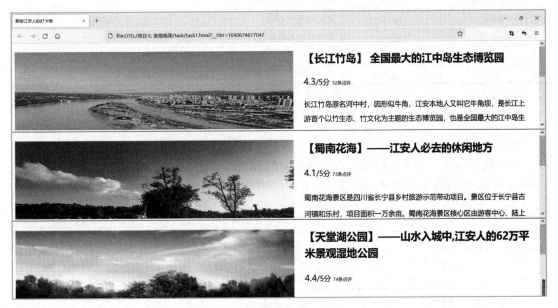

图 7-1　江安旅游景点宣传页

▋知识准备

框架，也称为帧，是网页开发必须掌握的知识。它可以将浏览器窗口划分为若干个区域，每个区域可以显示不同的 HTML 文档，其中每份 HTML 文档被称为一个框架，并且每个框架都独立于其他的框架，可以进行单独的设置。后台架构、页面分割、局部刷新等，都是 frame 用途的表现。本节主要讲解页面分割和局部刷新。这里的框架指的是 HTML 框架，不是前端框架，与 node.js、vue.js 等不同。

框架标签主要有 iframe 标签、frameset 标签、frame 标签、noframe 标签。这些标签在 HTML 4.01 中被支持，HTML5 中不被支持（即这些标签在以后的版本中将被更强大的标签替代，但当前在浏览器中暂时可用）。

1. frame 标签

框架标签，用于标签定义框架集（framset）中的子窗口。一个 frame 就是一个独立的框架（即子窗口），一个框架就是一个 HTML 文档，每个框架都可以设置为不同的属性。frame 是一个单标记，其语法如下：

```
<frame src="引入的网页地址" 其他属性="属性值"/>
```

frame 标签的常用属性如表 7-1 所示。

表 7-1　frame 标记的常用属性

属性	值	描述
frameborder	0/1	规定是否显示框架周围的边框
longdesc	URL	规定一个包含有关框架内容的长描述的页面
marginheight	pixels	规定框架的上方和下方的边距
marginwidth	pixels	规定框架的左侧和右侧的边距
name	name	规定框架的名称
noresize	noresize	规定无法调整框架的大小
scrolling	yes/no/auto	规定是否在框架中显示滚动条
src	URL	规定在框架中显示的文档的 URL

2. frameset 标签

框架集标签，用于规定框架集中有一个或多个框架窗口或框架集。即规定在框架集中存在多少列或多少行，以及每行每列占用的百分比/px。

frameset 标签的常用属性如表 7-2 所示。

表 7-2　frameset 标签的常用属性

属性	值	描述
cols	pixels/ % / *	规定框架集中列的数目和尺寸
rows	pixels/ % / *	规定框架集中行的数目和尺寸

（1）垂直结构框架

使用 frameset 可以搭建垂直结构框架集。示例代码如下：

```
<frameset cols="25%,50%,*">
    <frame src="我是 frame_1.html" />
```

```
        <frame src="我是 frame_2.html" />
        <frame src="我是 frame_3.html" />
    </frameset>
```

其中，cols="25%,50%,*"是将网页垂直分割成三个窗口，第一个窗口占 25%，第二个窗口占 50%，第三个窗口是"*"，表示自动调节。其宽度单位可以是 px，也可以是百分比，还可以是*自动调节。运行效果如图 7-2 所示。

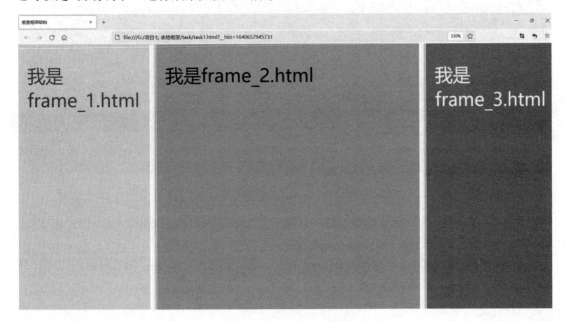

图 7-2 垂直结构框架效果

（2）水平结构框架

使用 rows="25%,50%,*"，可以搭建水平结构框架集。示例代码如下：

```
    <frameset rows="25%,50%,*">
        <frame src="我是 frame_1.html" />
        <frame src="我是 frame_2.html" />
        <frame src="我是 frame_3.html" />
    </frameset>
```

运行效果如图 7-3 所示。

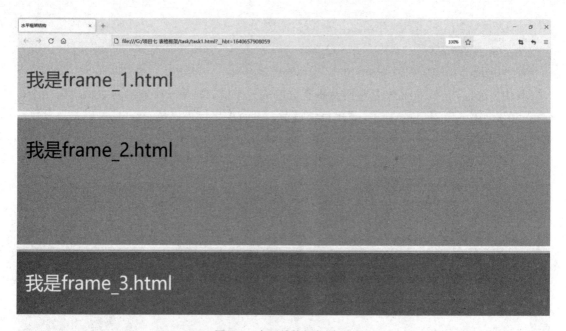

图 7-3　水平结构框架效果

rows 将窗口水平分割成 3 部分，第一部分占 25%，第二部分占 50%，第三部分占 25%。

（3）混合结构框架

frameset 除可以搭建水平结构框架集和垂直结构框架集外，还可以通过嵌套的方式，搭建混合结构框架。示例代码如下：

```
<!DOCTYPE html>
<html>
    <frameset rows="50%,50%">
        <frame src="我是 frame_1.html">
        <!--嵌套框架集-->
        <frameset cols="25%,75%">
            <frame src="我是 frame_2.html">
            <frame src="我是 frame_3.html">
        </frameset>
    </frameset>
</html>
```

运行效果如图 7-4 所示。

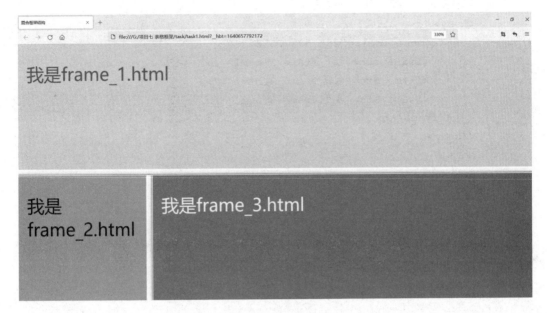

图 7-4　混合结构框架效果

（4）frameset 不能与 body 同时使用

搭建框架集时需要注意，frameset 不能与 body 同时使用。例如，将其放在 body 外与 head 同级，示例代码如下：

```
<!DOCTYPE html>
<html>
    <head>
        <meta charset="utf-8">
        <title></title>
    </head>
    <frameset cols="25%,50%,*">
        <frame src="我是 frame_1.html" />
        <frame src="我是 frame_2.html" />
        <frame src="我是 frame_3.html" />
    </frameset>
</html>
```

浏览器可以正常运行显示。

但将 frameset 放入 body 标记中，错误代码如下：

```
<!DOCTYPE html>
<html>
    <head>
        <meta charset="utf-8">
        <title></title>
    </head>
    <!--将 frameset 放入 body 中-->
```

```
    <body>
        <frameset cols="25%,50%,25%">
            <frame src="我是 frame_1.html" />
            <frame src="我是 frame_2.html" />
            <frame src="我是 frame_3.html" />
        </frameset>
    </body>
</html>
```

浏览器将不能正常运行显示。

3. noframes 标签

noframes 标签的作用是，当设定的 frame 框架不能被浏览器支持，浏览器将不能显示，此时可以用 noframes 标记来设置故障提示文本。示例代码如下：

```
<html>
<frameset cols="25%,50%,25%">
  <frame src="frame_a.htm">
  <frame src="frame_b.htm">
  <frame src="frame_c.htm">
  <noframes>抱歉，您的浏览器不支持 frame 属性！</noframes>
</frameset>
</html>
```

需要注意的是，noframes 标签必须放在 frameSet 标签内使用。

任务分析

图 7-1 是一个水平框架集结构，使用 frameset 标记和 frame 标记将"zudao.html""huahai.html""tiantanghu.html" 3 个子网页引入到主网页中，此时浏览器窗口中，一共有 4 个 HTML 文档，即除了引入的 3 个子文档，还有一个主文档。如果引入的是 5 个子文档，则浏览器窗口中一共有 6 个 HTML 文档，以此类推。

任务实施

（1）新建一个 HTML 文档，命名为 task1.html 并保存。
（2）输入如下代码：

```
<!DOCTYPE html>
<html>
    <head>
        <meta charset="utf-8">
        <title>那些江安人的打卡地</title>
    </head>
    <!--设置子窗口的高度为像素单位-->
    <frameset rows="400px,400px,400px">
```

```
        <frame src="zudao.html">
        <frame src="liantianshan.html">
        <frame src="tiantanghu.html">
    </frameset>
</html>
```

按快捷键 Ctrl+S 保存网页文件，然后按快捷键 Ctrl+R 浏览网页效果，如图 7-5 所示。

图 7-5　江安旅游景点宣传页效果 1

（3）将鼠标指针放在浏览器窗口中，通过拖动的方式自由调节各框架高度。

（4）在第一个框架属性中添加属性 noresize="noresize"，再调节第一个框架的大小和第二个框架的大小。代码如下：

```
    <frame src="zudao.html" noresize="noresize">
```

保存并运行，效果如图 7-6 所示。

图 7-6　江安旅游景点宣传页效果 2

可以发现，noresize="noresize"限制了第一个框架的大小，不能再对其进行高度调节。而第二个框架没有添加该属性，可以随意调节。

（5）给 frameset 标记添加属性 frameborder="no" 。代码如下：

```
<frameset rows="400px,400px,400px" frameborder="no" >
```

保存并运行，效果如图7-7所示。

图7-7　江安旅游景点宣传页效果3

此时，框架集中的所有框架的边框都消失了，且无法再通过鼠标拖动的方式对框架的高度进行调节。

（6）给frame标记添加属性scrolling="NO"，代码如下：

```
<frameset rows="400px,400px,400px" frameborder="no" >
    <frame src="zudao.html" scrolling="NO">
    <frame src="liantianshan.html" scrolling="NO">
    <frame src="tiantanghu.html" scrolling="NO">
</frameset>
```

保存网页文档，然后按快捷键Ctrl+R预览。可以发现隐藏了对应框架的滚动条后，框架右侧的滚动条不见了，且框架内的内容不能再通过滚动查看。运行效果如图7-8所示。

图7-8　江安旅游景点宣传页效果4

■ 任务拓展

新建 practice1.html，将 frame_1.html、frame_2.html、frame_3.html 引入到框架集中，最终搭建出如图 7-9 所示的混合结构框架集页面。

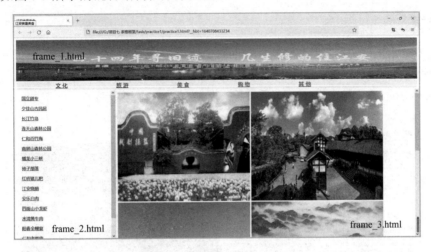

图 7-9　混合结构框架集页面

要求：

（1）设置 frame_1.html 的高度为 270px，frame_2.html 和 frame_3.html 高度为 750px。

（2）frame_2.html 占屏幕的 20%。

（3）消除框架集的边框。

（4）隐藏 frame_1.html 的滚动条。

（5）规定 frame_1.html 的高度为不可调整。

■ 任务评价表

表 7-3　认识框架任务评价表

考核项目		评价内容	总分	评价主体	评价方式
平时测试	知识点评价 40%	能够根据样图，正区分 cols 和 rows 的设置效果；能够正确判断 frame 标记的属性和 frameset 的属性；能够判断 frameset 和 frame 的语法使用是否正确；能够判断出 frameset 和 frame 一起使用时，必须放在 body 标记外	40	专业教师	在线测试自动评分
平时实训任务	技能评价 50%	能够根据要求正确分割框架集	20	专业教师 企业导师	组内自评（30%） 组间互评（40%） 教师评价（30%）
		能够根据要求，正确设置 frameset 和 frame 的属性	20		
		较好完成实训任务和任务拓展	10		
	素养评价 10%	积极主动学习新知	3		
		遵守实训室规定：不带违禁品进入实训室，不在实训室内做与实训无关的事	2		
		乐于探索，勇于创新	3		
		团结合作，乐于助人	2		

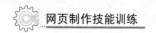

任务二 使用 iframe 标签制作国立剧专简介模块

任务情境

小丽想要制作一个国立剧专的简介页面（如图 7-10 所示），并在页面中创建一个包含图片展示的区域。单击第一张、第二张、第三张，可以在图片展示窗口中显示不同的图片。但使用 frame 和 frameset 怎么都没有实现效果。你能解决这个问题吗？

图 7-10　国立剧专页面

任务要求

制作国立剧专简介模块，单击第一张、第二张、第三张时，可以在图片展示区显示不同的图片，效果如图 7-10 所示。

知识准备

1. iframe 标签

iframe 标记又称为浮动帧标记，可以创建包含另外一个文档的内联框架（即行内框架）。iframe 的常用属性如表 7-4 所示。

表 7-4　iframe 的常用属性

属性	值	描述
frameborder	1/0	规定是否显示框架周围的边框
longdesc	URL	规定一个页面，该页面包含了有关 iframe 的较长描述
marginheight	pixels	定义 iframe 的顶部和底部的边距
marginwidth	pixels	定义 iframe 的左侧和右侧的边距
scrolling	yes/no/auto	规定是否在 iframe 中显示滚动条
src	URL	规定在 iframe 中显示的文档的 URL
srcdoc	HTML_code	规定在<iframe>中显示的页面的 HTML 内容

通常我们使用 iframe 直接在页面嵌套 iframe 标签，并指定 src 属性即可。示例代码如下：

```
<html>
    <body>
    <iframe src="images/1.jpg"></iframe>
    <p>一些老的浏览器不支持 iframe。</p>
    <p>如果得不到支持，iframe 是不可见的。</p>
    </body>
</html>
```

运行效果如图 7-11 所示。

图 7-11　iframe 标签示例代码运行效果

如果在<iframe>和</iframe>之间插入文本信息，当一些老的浏览器不能理解 iframe 标记时，可以进行文字提示。

2. frame 和 iframe 的区别

frame 和 iframe 都是常用的框架标记，但它们之间有很大的区别。

（1）frame 不能脱离 frameset 单独使用，iframe 可以。

（2）frame 不能放到 body 中，否则将无法显示。

（3）iframe 可以嵌套在 frameset 中，但嵌套后的代码必须放到 body 中，iframe 不嵌套在 frameset 中，可以在 body 标记内外随意使用。

（4）frame 的高度只能通过 frameset 控制，iframe 只能自己控制自己，不能通过 frameset 设置；

（5）iframe 可以放到表格中，frame 不可以。

▌任务分析

要在一个页面中创建另一个窗口展示区，可以使用 iframe 创建。使用 a 标签的 target 属性，可以实现 a 标签被单击时，在指定窗口中打开链接内容。页面可以使用表格布局的方式进行布局，结构和效果分析如图 7-12 所示。

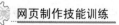

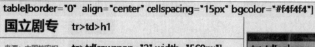

图 7-12　结构和效果分析

任务实施

（1）新建 example1.html 文件并保存。

（2）使用 table 标签、tr 标签、td 标签和 a 标签搭建 3 行 4 列的表格。然后根据图 7-12 搭建网页结构，具体代码如下：

```
<!DOCTYPE html>
<html>
    <head>
    <meta charset="utf-8">
    <title>江安县简介</title>
</head>
<body>
    <table border="0"  align="center" cellspacing="15px" bgcolor= "#f4f4f4">
    <tr>
    <td rowspan="2" width="560px">
    <h1>国立剧专</h1>
    <p>来源：中国档案报</p>
```

<p>   江安镇地处四川省宜宾市江安县城，背负巍巍南屏，下临滔滔长江。江安镇历史悠久，文化底蕴丰厚。1939 年 5 月，国立戏剧专科学校迁至江安。在国立剧专 14 年的校史中，在江安的时间最长，达 6 年之久，是国立剧专的黄金时代。20 世纪三四十年代，在抗日战争的烽火硝烟中，江安成为全国戏剧抗战的中心。江安在中国戏剧文化史上有着举足轻重的地位，被誉为"中国戏剧的摇篮"。</p>

<p>   国立戏剧专科学校（以下简称"国立剧专"）1935 年 10 月 18 日成立于南京，是当时中国戏剧的最高学府。　抗战爆发后，国立剧专始迁长沙，再迁重庆，后于 1939 年 5 月迁至江安。国立剧专的教师黄佐临、金韵之（丹尼）、洪深、张俊祥、焦菊隐、吴祖光等戏剧界名流和剧专大多数学生，故乡沦陷，战争迫使他们随校来到江安。剧专的师生们是一群饱尝国破家

亡之恨而满怀抗敌报国热血、坚信抗战必胜的艺术家和学子。在江安镇，他们坚持教育救国，坚持以戏剧为武器抗战图存，他们成为提倡国剧、推进国剧运动的主力军和新生力量。</p>

```
            <p>    国立剧专在江安办学、演出6年，促进了当地的文化发
展及戏剧艺术水平的提高。国立剧专的戏剧家曹禺、吴祖光等多次应邀到江安中学和江安女中讲课和演讲，
使小城学生开阔了视野，增长了知识，开启了心智。江安文庙大成殿是国立剧专演出的舞台，江安人有幸
在这里欣赏到国家级的戏剧演出。国立剧专师生演出的戏，是完美的综合舞台艺术，有国内顶尖的导演、
编剧，有国内一流的美工和音乐人，有训练有素的专业演员。江安人爱看戏，尤其喜欢看国立剧专的戏。
</p>
         </td>
         <td colspan="3"><iframe src="images/15.jpeg" name="show" width="600px"
height="400px"></iframe></td>
      </tr>
      <tr>
         <td><a href="images/15.jpeg" target="show" >第一张</a></td>
         <td><a href="images/14.jpg" target="show" >第二张</a></td>
         <td><a href="images/13.jpg" target="show" >第三张</a></td>
      </tr>
   </table>
   </body>
   </html>
```

（3）保存预览，效果如图7-10所示。

（4）打开practice1.html文件，将frame_3.html替换为example1.html，保存并运行，效果如图7-13所示。

图7-13 国立剧专页面效果

提示：操作时，必须给iframe设置name属性，例如：

`<iframe  name= "show"  src="images/1.jpg" width="600px" height="400px">`

设置a标签的链接时，必须要给a标签设置target属性，且target的属性值必须与内联框架

iframe 的名称一样，例如：

    `<a href="images/1.jpg"  target="show">第一张</a>`

    单击超链接"第一张"时，使 href 链接的资源在名称为 show 的这个框架中打开。

■ 任务拓展

    许多企业经常会和网站合作，在网页界面中插入公司的广告元素，以此达到广告宣传的目的。请尝试将网易官网上的广告元素引入国立剧专简介页面上来。效果如图 7-14 所示。

图 7-14　将网易官网上的广告元素引入国立剧专简介页面

    （1）打开网易官网，找到广告元素，右击，在弹出的快捷菜单中选择"审查元素"命令，可查看广告图片的源地址，如图 7-15 所示。

图 7-15　选择"审查元素"命令

（2）在"元素审查"窗口可查看图片链接，右击，可复制相关代码，如图7-16所示。

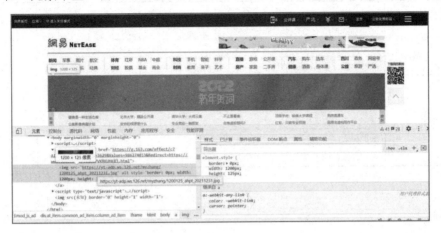

图 7-16　在"元素审查"窗口复制相关代码

（3）打开 example1.html，然后用 iframe 在江安简介页上方创建一个广告栏，引入广告图片地址，然后打开 practice1.html，预览效果如图 7-17 所示。

图 7-17　国立剧专页面预览效果

（4）根据已学知识思考，如何才能实现单击左侧的 a 标签，使右边的简介页面跟着景点的变化而变化，并尝试完成代码书写。

■任务评价表

表 7-5　使用 iframe 标签制作国立剧专简介模块任务评价表

考核项目		评价内容	总分	评价主体	评价方式
平时测试	知识点评价 40%	能够区分 href 和 src，正确判断 iframe 的 url 地址的正确设置方法； 能够区分 iframe 和 frame，正确判断关于 iframe 和 frame 的描述； 能够准确预判 iframe 代码的运行效果； 能够根据描述，写出正确的 iframe 代码	40	专业教师	在线测试自动评分

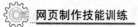

续表

考核项目		评价内容	总分		评价主体	评价方式
平时实训任务	技能评价 50%	能够熟练使用表格标记及属性搭建网页	20		专业教师 企业导师	组内自评（30%） 组间互评（40%） 教师评价（30%）
		能够熟练使用 iframe 创建内联框架	15			
		能够熟练设置 iframe 的边框、大小、滚动条等属性	15	60		
	素养评 10%	积极主动学习新知	3			
		遵守实训室规定：不带违禁品进入实训室，不在实训室内做与实训无关的事	2			
		乐于探索，勇于创新	3			
		团结合作，乐于助人	2			

项目八 制作"夕佳山民居"专题页

项目目标

夕佳山古民居是江安县的重点旅游景点之一，是全国重点文物保护单位，有"中国民间建筑活化石""传统文化的大宝库""天然鹭鸟公园""川南农耕文化的缩影"之称，在中国民间建筑史、民间艺术史、民间风俗史和川南社会史中都具有极高的价值。本项目我们就来学习使用 CSS 代码对"夕佳山民居"专题页面进行美化。

任务一 认 识 CSS

任务情境

到目前为止，小丽已经编写了多个简单的网页页面，现在她想为家乡的旅游景点做一个专题宣传页面，但在使用 HTML 代码属性进行网页美化时，非常麻烦。为了使网页代码更加简洁优化，小丽通过百度搜索发现，使用 CSS 代码对网页进行美化，可以很容易地改变所有页面的布局和外观，大大提升网页开发的工作效率。

任务要求

通过本任务的学习，理解 CSS 样式的作用、特点、语法格式和引入方法，能熟练地使用 4 种不同的方法控制页面中字体及文字的 CSS 样式。

知识准备

一、CSS 样式

CSS（Cascading Style Sheets，层叠样式表）是用于增强控制网页显示样式并能将样式信息与网页内容分离的一种标记性语言。与 HTML 一样，CSS 不需要编译，它直接由浏览器解释执行。CSS 样式通常存储在样式表中，一个或多个样式组成一个样式表，样式表将所有的样式声明统一存放、统一管理。

HTML 主要用于定义网页的结构，CSS 则主要用于定义网页各元素的样式，它不仅可以静态地修饰网页，还可以配合各种脚本语言动态地对网页元素进行格式化。网页制作中使用CSS 能更有效地定义页面样式，精确控制页面排版布后。

二、CSS 语法格式

CSS 由 3 个部分构成：选择器、属性和属性值。语法：

选择器{属性：属性值；}

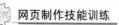

例如:

```
body{font-style:italic;}
```

说明:

（1）选择器用于指定 CSS 代码作用于页面中的对象，基础选择器有标记选择器、类选择器和 ID 选择器。

① 标记选择器是把 HTML 标记作为选择器名称。例如:

```
body{color:#FFCC80}
```

② 类选择器是以对象的 class 属性作为选择器名称。例如:

```
.one{color:#FF00FF}
```

③ ID 选择器是以元素的 id 属性作为选择器名称。例如:

```
#two{color:#00FFFF}
```

> **提示**
>
> 类选择器要在选择器名称前加上 ".", ID 选择器在选择器名称前加上 "#", 作为前缀标识符，标记选择器不需要加任何其他符号。

（2）属性和属性值构成样式的声明。属性是 CSS 预定的样式项；属性值设置属性应显示的效果。例如:

```
h1{color:red;}
```

> **提示**
>
> 若属性值的名称是由多个单词构成，则必须给属性值添加上引号，如
> body{font-family:"Times New Roman";}。

（3）多条声明之间用分号隔开，选择器的最后一条声明的分号可省略。例如:

```
body{color:#FFCC80 ; background-color : #FF0000 ; font-size: 13px}
```

（4）可以将相同的声明指定给多个选择器，选择器之间用逗号分隔。例如:

```
h3,li{color:#00CC80}
```

（5）CSS 中的注释文本放在 "/*" 和 "*/" 之间。例如:

```
body{background-color: #F000}/设置网页背景色为红色*/
```

> **提示**
>
> HTML 文档中，网页元素的 ID 名称是唯一的。
> 使用 ID 选择器和类选择器能把同种样式作用于页面不同元素，同等条件下，ID 选择器的优先级高于类选择器。

三、CSS 引入方式

在网页中插入样式表的方式有 4 种：内嵌样式表、内部样式表、链接到外部样式表和导入外部样式表。

1. 内嵌样式表

内嵌样式表是直接在 HTML 标记的 style 属性中来定义样式。语法：

```
<h3 style="color:#OOFFFF">行内样式</h3>
```

说明：内嵌样式表可以直接对某个标记单独定义样式，使用起来简单、灵活、方便。但内样式表的作用范围仅限于当前标记。

2. 内部样式表

内部样式表把样式定义在 HTML 文件头部的<style>标记内。

```
语法: <style type="text/css">样式声明</style>
```

说明：内部样式表必须放在<head>与<head>之间。内部样式表的作用范围是整个 HTML 文档。例如：

```
<head>
……
<style type="text/css">
    body{background-color:#FF0000}
</style>
……
<head>
```

3. 链接到外部样式表

外部样式表将 CSS 样式代码单独保存为.css 类型的文件，使用外部样式表可以将一个样式作用于多个页面。外部样式表必须要调用到 HTML 文档中，浏览器才能正确解析样式代码。语法：

```
<link rel="stylesheet"type="text/css"href=" 外部样式表 URL 地址" >
```

说明：与内部样式表一样，<link>标记要放在<head>与</head>之间。外部样式表的作用范围也是整个 HTML 文档。如：

```
<head>
……
<link rel="stylesheet" type="text/css" href="style.css">
……
</head>
```

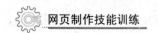

4. 导入外部样式表

在<style>标记内使用 CSS 的@import 命令导入外部样式表。语法：

```
<style type=" text/css " >
@import url("外部样式表 URL 地址");
</style>
```

说明：

（1）@import 命令导入外部样式表时，语句后的分号必须要写上，否则外部样式表将不能正确导入。

（2）在上面的语法中，外部样式表的 URL 地址包含在 url()函数里，还有一种表示方式为@import"外部样式表 URL 地址";。例如：

```
<style type= " text/css " >
@import url("style.css");          /*也可以为@import"style.css"; */
</style>
```

（3）导入的外部样式表也作用于整个 HTML 文档。

▌任务分析

CSS 的引入方法有 4 种，可用这 4 种不同的方法为 HTML 网页引入 CSS 样式表。

▌任务实施

1. 使用内嵌样式表定义网页样式

1）打开 HBuilder，选择菜单栏中的"文件"→"新建"→"HTML 文档"命令，在弹出的"新建 HTML 文件向导"对话框中设置文件名为"task1.html"，如图 8-1 所示。

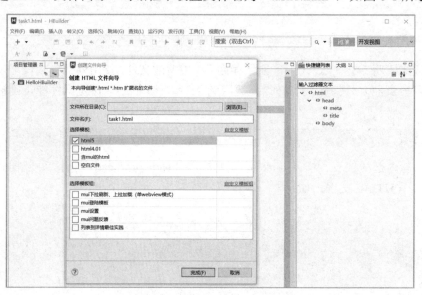

图 8-1 设置文件名为"task1.html"

2）在<body></body>中输入如图 8-2 所示的代码。

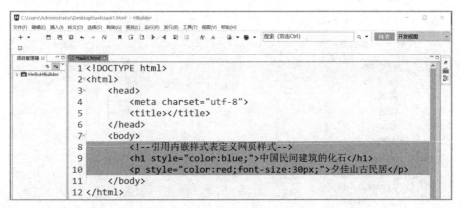

图 8-2　在<body></body>中输入代码

说明：style="color:blue;"将<h1></h1>内的文字设置为蓝色。Style = " color:red;font-size:30px;"将<p></p>内的文字设置为红色，字体大小设置为 30px。

3）选择工具栏中的"在浏览器中运行"命令或按快捷键 Ctrl+R 在浏览器进行预览，如图 8-3 所示。

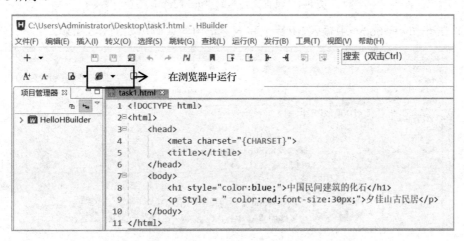

图 8-3　选择"在浏览器中运行"命令

2. 使用内部样式表定义网页样式

（1）打开 HBuilder，选择"文件"→"新建"→"HTML 文档"命令，在弹出的"另存为"对话框中设置文件名为"task2.html"，如图 8-4 所示。

图 8-4 设置文件名为 "task2.html"

（2）在\<body\>\</body\>中输入 h1 标记和 p 标记中的代码，如图 8-5 所示。

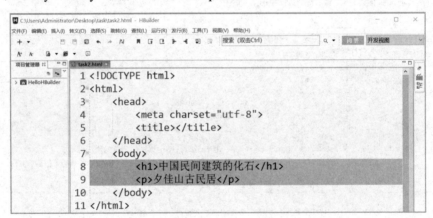

图 8-5 输入 h1 标记和 p 标记中的代码

此时的代码为未添加格式的代码，按快捷键 Ctrl+R 进行预览，效果如图 8-6 所示。

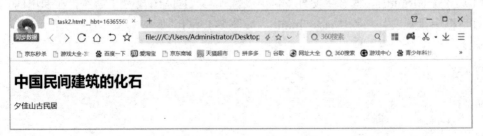

图 8-6 未添加格式的代码运行效果

（3）在 head 标记中添加 style 标记，设置 h1 标记和 p 标记的格式如图 8-7 所示。

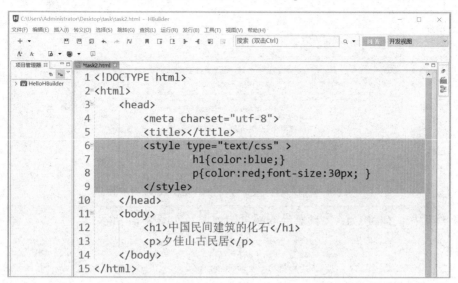

图 8-7　设置 h1 标记和 p 标记的格式

（4）按快捷键 Ctrl+R 预览，效果如图 8-8 所示。

图 8-8　设置 h1 标记和 p 标记的格式后的预览效果

提示

引用内部样式表定义对象格式与使用内嵌式样式表定义格式是一样的效果。在浏览器中预览前，要先保存文档，再按快捷键 Ctrl+R 预览，才能看到最新的设置效果。

3. 链接到外部样式表

使用外部样式表美化网页效果。

（1）在网页编辑器中打开 task3 文件夹下的"task3.html"文件，如图 8-9 所示。

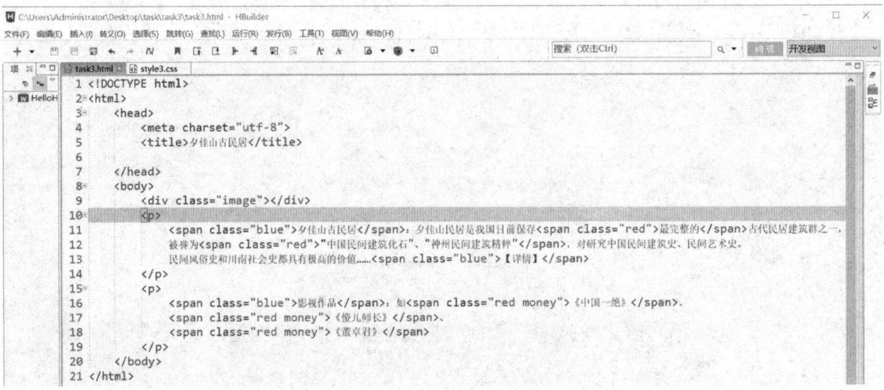

图 8-9 打开 task3 文件夹下的 "task3.html" 文件

（2）然后按快捷键 Ctrl+R 预览当前网页的效果，如图 8-10 所示。

图 8-10 使用外部样式表美化后的网页预览

（3）在<head></head>标记中输入如图 8-11 所示的代码。代码的含义是调用外部样式表 "style3.css" 到当前网页文件中来。

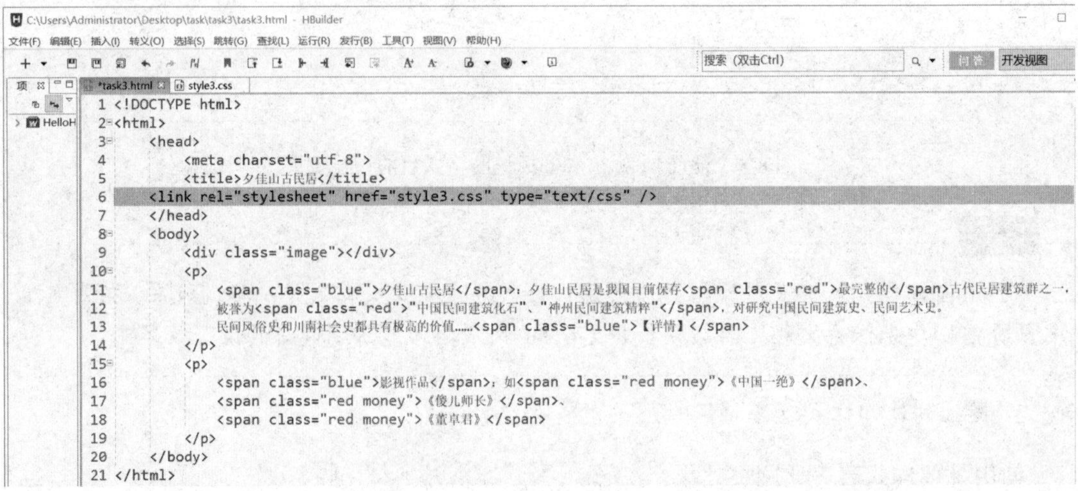

图 8-11 在<head></head>标记中输入代码

（4）按快捷键 Ctrl+S 保存修改后的代码，然后按快捷键 Ctrl+R 预览网页效果。链入 CSS 样式表后的网页效果如图 8-12 所示。

图 8-12　链入 CSS 样式表后的网页效果

4. 导入外部样式表

下面给图 8-12 导入外部 CSS 样式表，实现雪花动态网页效果。操作步骤如下：

（1）在网页编辑器中打开 task4 文件夹下的"task4.html"代码，然后按快捷键 Ctrl+R 查看当前代码运行效果，如图 8-13 所示。

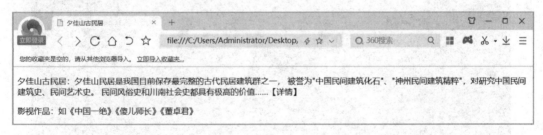

图 8-13　查看当前的代码运行效果

（2）返回代码编辑页面，在<head></head>标记中输入如图 8-14 所示的代码。

图 8-14 在 <head></head> 标记中输入代码

（3）按快捷键 Ctrl+S 保存代码，再按快捷键 Ctrl+R 在浏览器中查看运行效果，如图 8-15 所示。

图 8-15 在 <head></head> 标记中输入代码后的运行效果

任务拓展

1. 走进魅力江安

制作如图 8-16 所示的魅力江安页面效果。

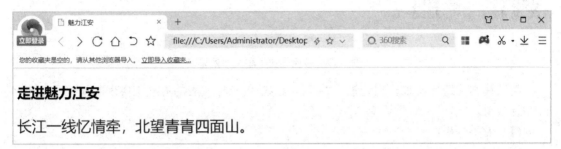

图 8-16 魅力江安页面效果

（1）效果分析：

① 使用 CSS 行内式为页面元素引入样式。

② 按照 CSS 样式规则为标题设置成微软雅黑、蓝色、26px 字体。

③ 按照 CSS 样式规则为段落设置成微软雅黑、红色、28px 字体。

（2）新建网页文件，并将网页保存为"practice1.html"，输入如下代码：

```
<!DOCTYPE html>
<html>
<head>
    <meta charset="utf-8">
    <title>魅力江安</title>
    </head>
<body>
    <h3 style="font-family:'微软雅黑';color:#00F;font-size:26px;">走进魅力
江安</h3>
    <font style="color:red;font-family:'微软雅黑';font-size:28px;" > 长江
一线忆情牵，北望青青四面山。 </font>
</body>
</html>
</body>
</html>
```

（3）保存代码，然后按快捷键 Ctrl+R，在浏览器中查看运行效果。

2. 触摸美丽乡愁

制作如图 8-17 所示的触摸美丽乡愁页面效果。

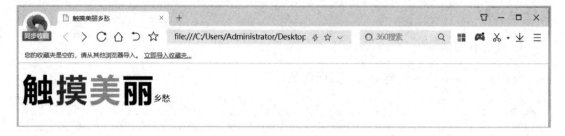

图 8-17　触摸美丽乡愁页面效果

尝试使用类选择器来控制元素，并运用 CSS 内部样式表的方法来实现制作江安城市名片图标效果。

（1）效果分析：

① 使用内嵌式引入 CSS 样式表。

② 分别为页面元素定义不同的类。

③ 通过控制不同的类，分别为第一个字"触"设置为紫色、加粗、60px 字体；第二个字"摸"设置为红色、加粗、60px 字体；第三个字"美"设置为黄色、加粗、60px 字体；第四个字"丽"设置为蓝色、加粗、60px 字体；剩余的字"乡愁"按默认样式输出。

（2）新建网页文件，并将网页保存为"practice2.html"，输入如下代码：

```
<!DOCTYPE html>
<html>
    <head>
        <meta charset="{CHARSET}">
        <title>触摸美丽乡愁</title>
        <style type="text/css">
        .j{color:purple; font-size:60px; font-weight:bold;}
        .a{color:#D4412D;font-size:60px; font-weight:bold;}
        .c{color:#FFB404; font-size:60px; font-weight:bold;}
        </style>
    </head>
    <body>
        <span class="j">触</span>
        <span class="a">摸</span>
        <span class="c">美</span>
        <span class="j">丽</span>乡愁
    </body>
</html>
```

（3）保存代码，然后按快捷键 Ctrl+R，在浏览器中查看运行效果。

3. 江安城市名片

制作如图 8-18 所示的江安城市名片页面效果。

图 8-18　江安城市名片页面效果

尝试编写 CSS 文件，并使用 link 标记将其链入到 HTML 文档中。

（1）新建 HTML 文档，保存为"practice3.html"，输入如下代码：

```
<!DOCTYPE html>
<html>
    <head>
        <meta charset="{CHARSET}">
        <title>江安城市名片</title>
    </head>
    <body>
        <span class="j">四十四年</span>
        <span class="a">寻旧迹</span><br />
        <span class="c">几生修得</span>
        <span class="j">住江安</span>
    </body>
</html>
```

（2）新建 CSS 文件，保存为"practice3.css"，编辑网页元素样式，代码如下：

```
.j{color:#176CEE; font-size:60px; font-weight:bold;}
.a{color:#D4412D;font-size:60px; font-weight:bold;}
.c{color:#FFB404; font-size:60px; font-weight:bold;}
```

（3）在 HTML 文档的<head></head>标记中使用 link 标记引入"practice3.css"，代码如图 8-19 所示。

```
1  <!DOCTYPE html>
2  <html>
3      <head>
4          <meta charset="{CHARSET}">
5          <title>江安城市名片</title>
6          <link rel="stylesheet" type="text/css"  href="practice3.css"/>
7      </head>
8      <body>
9          <span class="j">四十四年</span>
10         <span class="a">寻旧迹</span><br />
11         <span class="c">几生修得</span>
12         <span class="j">住江安</span>
13     </body>
14 </html>
15
```

图 8-19　使用 link 标记引入"practice3.css"

（4）保存代码，然后按快捷键 Ctrl+R，在浏览器中查看运行效果。

任务评价表

表 8-1 认识 CSS 任务评价表

考核项目		评价内容	总分		评价主体	评价方式
平时测试	知识点评价 40%	能够判断 CSS 语句的语法是否正确； 能够正确区分出标记选择器、类选择器和 ID 选择器； 能够区分 CSS 代码的注释和 HTML 的注释书写方法； 能够辨别出不同的 CSS 引入方法	40		专业教师	在线测试自动评分
平时实训任务	技能评价 50%	能够使用不同的 CSS 引入方法，实现 CSS 样式表的引入	20		专业教师 企业导师	组内自评（30%） 组间互评（40%） 教师评价（30%）
		能够自主学习完成任务拓展	30	60		
	素养评价 10%	积极主动学习新知	3			
		遵守实训室规定：不带违禁品进入实训室，不在实训室内做与实训无关的事	2			
		乐于探索，勇于创新	3			
		团结合作，乐于助人	2			

任务二　使用 CSS 设置字体与文本样式

任务情境

浏览网页时会发现网页中有各式各样的字体，颜色也五颜六色。为了方便地控制网页中的字体，CSS 提供了一系列的字体样式属性，主要包括 font-size、font-family、font-weight、font-variant、font-style、font 属性。本案例通过使用以上属性来控制字体的样式，并通过不同的字体属性来对比不同的显示效果。

任务要求

通过本任务的学习，能够熟练使用 CSS 设置网页常见字体与文本样式控制页面中字体及文字的 CSS 样式。

知识准备

表 8-2 所示为常见的字体与文字的 CSS 样式。

表 8-2 常见的字体与文字的 CSS 样式 1

样式	属性	属性值
设置字体类型	font-family	字体名称，如"黑体"
设置字体大小	font-size	数值，单位一般为 px、em（相对父元素字体的大小）和百分比，也可以去掉单位

续表

样式	属性	属性值
设置字体颜色	color	颜色值，如"red""#FFO00000"
设置字体加粗	font-weight	取值为 bold 表示加粗;normal 表示普通字体
设置字体倾斜效果	font-style	取值为 italic 表示斜体;oblique 表示倾斜（只在拉丁字符中有效）;normal 表示普通字体
设置文本水平对齐	text-align	取值为 left 表示左对齐（默认值）;center 表示居中对齐;right 表示右对齐;justify 表示两端对齐
小写字母转换为小型大写字母	font-variant	normal 显示标准的字体；small-caps 显示小型大写字母；inherit 从父元素继承
设置行高	line-height	取值为具体的数值或百分比，单位一般为 px、em 或百分比;为 normal 表示默认值
设置文本装饰	text-decoration	取值为 underline 表示下划线;overline 表示顶划线;line-through 表示删除线; blink 表示闪烁线;none 表示无装饰
设置文本首行缩进	text-indent	首行缩进值，如"text-indent:50px;"表示首行缩进 50px，"text-indent:2em;"表示首行缩进 2 个字符。em 指一个字符的宽度
字体综合属性设置	font	可以按顺序设置字体属性: font-style font-variant font-weight font-size/line-height font-family 也可以不设置其中某个值，未设置的地方会使用默认值。 如"font:italic small-caps bold 18px "微软雅黑";"指将字体设置为斜体 小写大型字母 加粗 18 磅 微软雅黑

▌任务分析

使用 css 设置字体类型、大小、颜色、加粗倾斜效果属于字体设置，使用 CSS 设置文本对齐、缩进、行高和下划线等，属于文本效果设置。

▌任务实施

1. 使用字体与文本 CSS 代码完成字体属性设置。

（1）使用字体与文本 CSS 代码完成字体属性设置，效果如图 8-20 所示。

（2）效果分析。

① 使用<p>标记搭建页面结构，并为每个<p>标记定义不同的类。

② 为页面中不同的类设置不同的字体效果，如颜色、字体、字号、字体粗细、变体、字体风格。

③ 最后 3 个是段落属性设置。

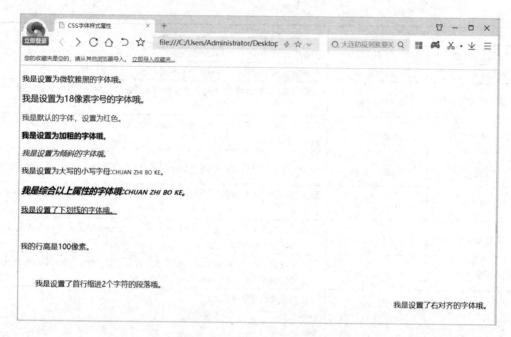

图 8-20　字体属性设置效果

（3）具体步骤。

新建 HTML 页面，并保存为"task5.html"，输入如下代码：

```html
<!DOCTYPE html>
<html>
    <head>
    <meta charset="{CHARSET}">
        <title>CSS 字体样式属性</title>
    </head>
    <style type="text/css">
        .part1{font-family:"微软雅黑";}
        .part2{font-size:18px;}
        .part3{color:red;}
        .part4{font-weight:bold;}
        .part5{font-style:italic;}
        .part6{font-variant:small-caps;}
        .part7{font:italic small-caps bold 18px "微软雅黑";}
        .part8{text-decoration:underline;}
        .part9{line-height:100px;}
        .part10{text-indent:2em;}
        .part11{text-align:right;}
    </style>
    <body>
        <p class="part1">我是设置为微软雅黑的字体哦。</p>
```

```
        <p class="part2">我是设置为 18px 字号的字体哦。</p>
        <p class="part3">我是默认的字体，设置为红色。</p>
        <p class="part4">我是设置为加粗的字体哦。</p>
        <p class="part5">我是设置为倾斜的字体哦。</p>
        <p class="part6">我是设置为大写的小写字母:chuan zhi bo ke。</p>
        <p class="part7">我是综合以上属性的字体哦:chuan zhi bo ke。</p>
        <p class="part8">我是设置了下划线的字体哦。</p>
        <p class="part9">我的行高是 100px。</p>
        <p class="part10">我是设置了首行缩进 2 个字符的段落哦。</p>
        <p class="part11">我是设置了右对齐的字体哦。</p>
    </body>
</html>
```

保存后，在浏览器中预览运行效果。

2. 设置夕佳山古民居简介页

（1）设置夕佳山古民居简介页，效果如图 8-21 所示。

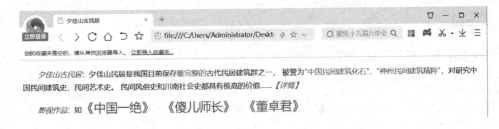

图 8-21 设置夕佳山古民居简介页效果

（2）效果分析。

① 第一段和第二段文字均设置了首行缩进效果。可以使用 "text-indent:2em;"。

② 字体风格一致，均设置为"微软雅黑"，蓝色字体部分格式，可以使用 "color:blue;font-style:italic;"。红色字体有两种字号，字号设置使用 font-size 设置字体大小。

（3）新建 HTML 文档，并保存为"task6.html"，输入如下代码：

```
<!DOCTYPE html>
<html>
    <head>
    <meta charset="utf-8">
    <title>夕佳山古民居</title>
    <!--字体样式设置*/-->
    <style type="text/css">
        p{    font-size:16px;          /*设置段落文本的字号*/
        font-family:"微软雅黑";  /*设置段落文本的字体*/
        line-height:28px;         /*设置段落文本的行高*/
        text-indent:2em;          /*设置段落文本首行缩进*/
```

```
                              }
                              .blue{ color:#33F; font-style: italic;}      /*特殊的蓝色文本*/
                              .red{color:orangered;font-weight:400;}       /*特殊的红色文本*/
                              .money{ font-size:26px;}      /*18000 的文本大小*/
                        </style>
                        </head>
                        <body>
                              <p><span class="blue">夕佳山古民居</span>：夕佳山民居是我国目前保存
<span class="red">最完整的</span>古代民居建筑群之一，被誉为<span class="red">"中国民
间建筑化石"、"神州民间建筑精粹"</span>，对研究中国民间建筑史、民间艺术史。民间风俗史和川南
社会史都具有极高的价值......<span class="blue">【详情】</span></p>
                              <p>   <span class="blue">影视作品</span>：如<span class="red money">
《中国一绝》</span>、<span class="red money">《傻儿师长》</span>、
                        <span class="red money">《董卓君》</span></p>
                              </body>
                        </html>
```

保存后，在浏览器中预览运行效果。

▌任务拓展

制作夕佳山古民居_360 搜索页，效果如图 8-22 所示。

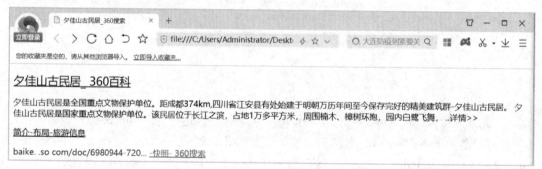

图 8-22　夕佳山古民居_360 搜索页效果

（1）新建 HTML 文档，并保存为 "practice4.html"。
（2）编写网页代码。参考代码如下：

```
<!DOCTYPE html>
<html>
    <head>
        <meta charset="{CHARSET}">
        <title>夕佳山古民居_360 搜索</title>
        <style type="text/css">
        .red1{color:red;font-size: 22px;font-weight: 400;text-decoration:
underline;}
        .pur1{color: purple;font-size: 22px;font-weight: 400;text-
```

```
decoration:underline;}
            .red2{color:red;}
            .pur2{color: purple;}
            .blue1{color: blue;text-decoration: underline;}
            .green1{color: green;}
            .under1{text-decoration: underline;color: grey;}
        </style>
    </head>
    <body>
        <p>
            <span class="red1">夕佳山古民居</span><span class="pur1">_ 360百科</span>
        </p>
        <p>
            <span class="red2">夕佳山古民居</span>是全国重点文物保护单位。距成都
374km，四川省江安县有处始建于明朝万历年间至今保存完好的精美建筑群-夕佳山古民居。
            <span class="red2">夕佳山古民居</span>是国家重点文物保护单位。该<span
class="red2">民居</span>位于长江之滨，占地1万多平方米，周围楠木、樟树环抱，园内白鹭飞舞，
            <span class="pur2">..详情>></span>
        </p>
        <p class="blue1">简介-布局-旅游信息</p>
        <p>
            <span class="green1">baike. .so com/doc/6980944-720...</span>
            <span class="under1"> -快照- 360搜索</span>
        </p>
    </body>
</html>
```

（3）保存，在浏览器中运行。

■ 任务评价表

表8-3　使用CSS设置字体与文本样式任务评价表

考核项目		评价内容	总分	评价主体	评价方式
平时测试	知识点评价 40%	能够从选项中找出控制网页字体及文字的代码	40	专业教师	在线测试
平时实训任务	技能评价 50%	能够使用字体及文字控制网页字体及文字的样式	50	专业教师企业导师	组内自评（30%）组间互评（40%）教师评价（30%）
	素养评价 10%	积极主动学习	3		
		遵守实训室规定：不带违禁品进入实训室，不在实训室内做与实训无关的事	2	60	
		乐于探索，勇于创新	3		
		团结合作，乐于助人	2		

任务三 使用 CSS 设置背景及图像样式

任务情境

纯文本看着会很枯燥，而在网页中加入图片，能够刺激读者的感官，大大提升网页的美感和可读性。

任务要求

通过本任务的学习，能够熟练使用 CSS 设置网页常见字体与文本样式控制页面中字体及文字的 CSS 样式。

知识准备

表 8-4 所示为常见的字体与文本样式。

表 8-4 常见的字体与文字的 CSS 样式 2

样式	属性	属性值
设置背景颜色	background-color	属性值为颜色值，body{background-color:red;}
设置背景图片	background-image	属性值为 url("图像的 url 地址")，如 body{background-image:url("pic.jpg"）;}
设置背景图像的起始位置	background-position	属性值可以是 px、百分比或位置描述。 如 body{background-position：80% 70%；} body{background-position：20px 20px；} body{background-position：top left；} 第一个是水平位置，第二个是垂直位置，如果只规定一个值，另一个值将是 50%
设置固定的背景图像	background-attachment	属性值为 scroll，背景图随页面其余部分滚动而滚动；属性值为 fixed，页面滚动时，背景图像不移动；属性值为 inherit，表示从父级元素继承属性
背景综合属性设置	background	在一个声明中设置所有的背景属性。 如 body{background:url("bgimage.gif") no-repeat fixed top;} 如果不设置其中的某个值，也不会出问题
设置图像宽度	width	取值常为数值，单位为 px 或百分比
设置图像高度	height	取值常为数值，单位为像 px 或百分比
设置图像边框颜色	border-color	颜色值，如"red""#FFO00000"
设置图像边框样式	border-style	常用取值为 solid 表示实线;dotted 表示点线;dashed 表示虚线;none 表示无样式
设置图像边框宽度	border-width	取值为数值，单位为 px
图像综合属性设置	border	在一个声明设置所有的边框属性。可以按顺序设置如下属性：border-width border-style border-color ，如果不设置其中的某个值，也不会出问题

■任务分析

使用 CSS 设置背景颜色和图片、设置图像大小及图像边框的颜色、样式和宽度。

■任务实施

1. 设置网页背景颜色

（1）设置网页背景颜色，效果如图 8-23 所示。

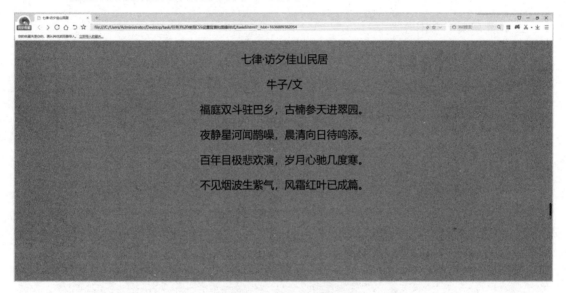

图 8-23　设置网页背景颜色

（2）效果分析。

① 字体格式：微软雅黑，40px，文本居中。

② 背景颜色设置为 deepskyblue。

（3）具体操作步骤如下：

新建 HTML 文档，并保存为"task7.html"，输入如下代码：

```
<!DOCTYPE html>
<html>
    <head>
        <meta charset="{CHARSET}">
        <title>七律·访夕佳山民居</title>
        <style type="text/css">
        p{font-family: "微软雅黑";font-size: 40px; text-align: center;}
        body{background: deepskyblue no-repeat fixed top;}
        </style>
    </head>
    <body>
        <p>七律·访夕佳山民居</p>
        <p>牛子/文</p>
```

```
        <p>福庭双斗驻巴乡，古楠参天进翠园。</p>
        <p>夜静星河闻鹊噪，晨清向日待鸣添。</p>
        <p>百年目极悲欢演，岁月心驰几度寒。</p>
        <p>不见烟波生紫气，风霜红叶已成篇。</p>
    </body>
</html>
```

保存文件，在浏览器中运行。

2. 设置网页背景图片

（1）设置网页背景图片，效果如图 8-24 所示。

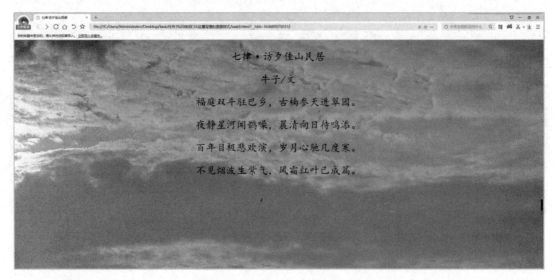

图 8-24 设置网页背景图片效果

（2）效果分析。

① 字体格式：楷体，40px，加粗 600，文本居中。

② 背景图片设置为"jiangan.jpg"。

（3）具体操作步骤如下：

新建 HTML 文档，并保存为"task8.html"，输入如下代码：

```
<!DOCTYPE html>
<html>
    <head>
        <meta charset="{CHARSET}">
        <title>七律·访夕佳山民居</title>
        <style type="text/css">
        p{font-family: "楷体";font-size: 40px;font-weight: 600; text-align:
center;}
        body{background: url("image/jiangan.jpg") no-repeat fixed top;}
        </style>
```

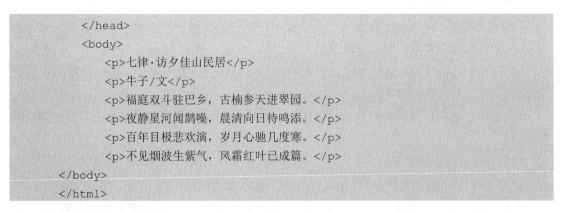

```
    </head>
    <body>
        <p>七律·访夕佳山民居</p>
        <p>牛子/文</p>
        <p>福庭双斗驻巴乡，古楠参天进翠园。</p>
        <p>夜静星河闻鹊噪，晨清向日待鸣添。</p>
        <p>百年目极悲欢演，岁月心驰几度寒。</p>
        <p>不见烟波生紫气，风霜红叶已成篇。</p>
    </body>
</html>
```

保存文件，在浏览器中运行。

3. 设置网页图片

（1）设置网页图片，效果如图 8-25 所示。

图 8-25　设置网页图片效果

（2）效果分析

① 图片 1 大小设置：图片宽度设置为 800px，高度设置为 500px。

② 图片 1 边框设置：边框宽度设置为 10px，边框样式设置为实线 solid，边框颜色设置为绿色。

③ 图片 2 边框设置：边框宽度设置为 10px，边框样式设置为点线 dotted，边框颜色设置为紫色。

（3）具体操作步骤如下：

新建 HTML 文档，并保存为"task9.html"，输入如下代码：

```
<!DOCTYPE html>
<html>
    <head>
        <meta charset="{CHARSET}">
        <title>图片样式设置</title>
    <style type="text/css">
    .jpg1{
        width: 800px;         /*设置图片宽度为800px*/
        height:500px;          /*设置图片高度为500px*/
        border-width:10px;   /*设置图片边框宽度为10px*/
        border-style:solid; /*设置图片边框样式为实线*/
        border-color:green; /*设置图片边框颜色为绿色*/
        }
    .jpg2{border:10px dotted purple ;}/*使用边框综合属性设置图片边框宽度为
10px，点线型，紫色*/
    </style>
    </head>
    <body>
    <img class="jpg1" src="image/1.jpg"/>
    <img class="jpg2" src="image/2.jpg"/>
    </body>
</html>
```

保存文件，在浏览器中运行。

■ 任务拓展

完成夕佳山民居介绍页。

（1）效果如图 8-26 所示。

图 8-26　夕佳山民居介绍页效果

　　夕佳山民居位于宜宾市江安县城东南 18 公里处。明万历四十年（1612 年）建，经清、民国期间几次较大的修葺，至今保存完整。民居坐南向北，南依安远山脉，北临层层浅丘，有"千人拱手、万山来朝"的气势。占地 6.8 万平方米，建筑面积 1 万余平方米。房舍 123 间，为悬山穿斗式木质结构，深院高墙、飞檐黛瓦、古木参天，掩映于修竹茂林之中，风光秀丽，景色迷人。

　　整个民居建筑在四个台基之上，为四合院式，纵深三进，有 11 个天井。以正门、前厅、堂屋为中轴线向两翼展开，布设有东花园、西花园、后花园。民居建筑除固若金汤的围墙和四角的的碉楼为石砌外，其作民舍均系悬山穿斗木质结构，青瓦盖顶而成。前厅、天井、堂屋、客厅、厢房、戏台、碉楼及象征家族地位的双斗椔杆，青瓦褐木，一应俱全。

　　那古色古香的桌、椅、床、柜、窗等无不显现装饰细节上的考究，又体现出庄园主人对物质和精神生活的追求。民居建筑工艺之考究、表现古代民俗风情之完美，堪称川南的"民间建筑化石"和建筑文化史上的"活字典"。民居精湛的木雕艺术，实为我国民间木雕艺术之珍品，是研究明代建筑与人居环境的重要史料。

　　（2）效果分析。

　　① 所有段落设置为首行缩进 2 个字符。

　　② 标题设置为居中，字体加粗 800，大小设置为 30px，字体设置为微软雅黑，颜色设置为红色。

　　③ 图片大小设置：图片宽度设置为 100%，高度设置为 600px。

　　④ 图片边框设置：边框宽度设置为 5px，边框样式设置为虚线，边框颜色设置为黄色。

　　（3）具体操作步骤如下：

　　新建 HTML 文档，并保存为"task10.html"，输入如下代码：

```
<!DOCTYPE html>
<html>
<head>
    <meta charset="utf-8">
    <title>在网页中插入图片</title>
    <style type="text/css">
    body{background-color:lightskyblue;}
    p{ text-indent: 2em; }
    .dl1{text-align: center;font: 800 30px "微软雅黑";color: red;}
    .img1{width:100%;height:600px;border:5px dashed yellow;text-align:
center;}

    </style>
```

```
        </head>
        <body>
        <p class="dl1">夕佳山民居</p>
        <img class="img1" src="image/1.jpg"/>
        <p class="dl2">夕佳山民居位于宜宾市江安县城东南 18 公里处。明万历四十年（1612年）建，经清、民国期间几次较大的修葺，至今保存完整。民居坐南向北，南依安远山脉，北临层层浅丘，有"千人拱手、万山来朝"的气势。占地 6.8 万平方米，建筑面积 1 万余平方米。房舍 123 间，为悬山穿斗式木质结构，深院高墙、飞檐黛瓦、古木参天，掩映于修竹茂林之中，风光秀丽，景色迷人。</p>
        <p class="dl3"><img src="image/2.jpg"/>整个民居建筑在四个台基之上，为四合院式，纵深三进，有 11 个天井。以正门、前厅、堂屋为中轴线向两翼展开，布设有东花园、西花园、后花园。民居建筑除固若金汤的围墙和四角的碉楼为石砌外，其余民舍均系悬山穿斗木质结构，青瓦盖顶而成。前厅、天井、堂屋、客厅、厢房、戏台、碉楼及象征家族地位的双斗桅杆，青瓦褐木，一应俱全。</p>
        <p class="dl4">那古色古香的桌、椅、床、柜、窗等无不显现装饰细节上的考究，又体现出庄园主人对物质和精神生活的追求。民居建筑工艺之考究、表现古代民俗风情之完善，堪称川南的"民间建筑化石"和建筑文化史上的"活字典"。民居精湛的木雕艺术，实为我国民间木雕艺术之珍品，是研究明代建筑与人居环境的重要史料。</p>
    </body>
    </html>
```

保存文件，在浏览器中运行。

任务评价表

表 8-5　使用 CSS 设置背景及图像样式任务评价表

考核项目		评价内容	总分		评价主体	评价方式
平时测试	知识点评价 40%	能够快速的选出正确的图像大小、边框样式设置代码	40		专业教师	在线测试
平时实训 任务	技能评价 50%	能够使用 CSS 控制网页中的文字样式	10	60	专业教师 企业导师	组内自评（30%） 组间互评（40%） 教师评价（30%）
		能够使用 CSS 熟练控制网页背景颜色或图片	20			
		能够使用 CSS 控制网页中的图片边框、宽度、边框样式	20			
	素养评价 10%	积极主动学习	3			
		遵守实训室规定：不带违禁品进入实训室，不在实训室内做与实训无关的事	2			
		乐于探索，勇于创新	3			
		团结合作，乐于助人	2			

任务四　使用 CSS 设置列表样式

任务情境

ul 和 li 列表是使用 CSS 布局页面时常用的元素。在 CSS 中，有专门控制列表表现的属性，常用的有 list-style-type 属性、list-style-image 属性、list-style-position 属性和 list-style 属性。

■任务要求

使用 CSS，完成如图 8-27 所示的夕佳山民居介绍页目录格式设置。

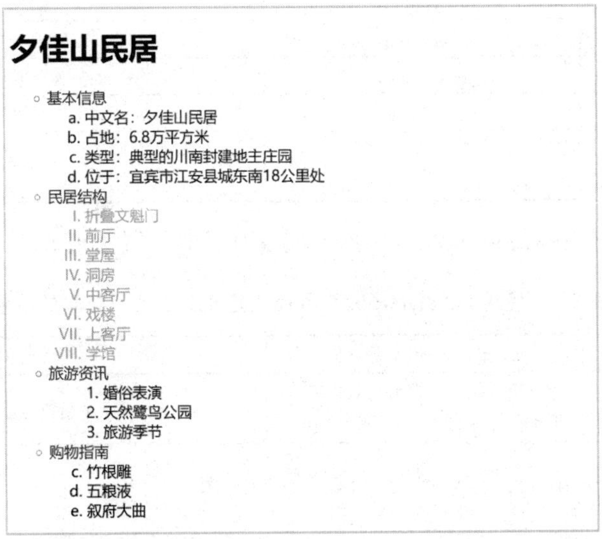

图 8-27　佳山民居介绍页目录格式

■知识准备

（1）无序列表基本语法格式：

```
<ul type=...>
    <li>列表项 1</li>
    <li>列表项 2</li>
    <li>列表项 3</li>
    ......
</ul>
```

（2）有序列表基本语法格式：

```
<ol >
    <li >项一</li>
    <li >项二</li>
</ol>
```

（3）使用 list-style-type 属性定义列表项目符号的样式（表 8-6）。

表 8-6　使用 list-style-type 属性定义列表项目符号的样式

列表类型	list-style-type 属性值	显示效果
无序列表	disc	实心圆
	circle	空心圆
	square	实心方块

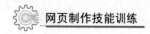

续表

列表类型	list-style-type 属性值	显示效果
有序列表	decimal	阿拉伯数字（默认）
	upper-alpha	大写字母
	lower-alpha	小写字母
	upper-roman	大写罗马数字
	lower-roman	小写罗马数字
无序列表 有序列表	none	无符号

（4）使用 list-style-position 属性定义列表项目符号的位置（表 8-7）。

表 8-7　使用 list-style-position 属性定义列表项目符号的位置

列表类型	list-style-position 属性值	显示效果
无序列表 有序列表	默认值 outside，项目符号外置； 属性值为 inside，项目符号内置。	规定列表项标记（项目符号或项目编号）的位置

（5）使用 list-style-image 定义列表项目符号为图像（表 8-8）。

表 8-8　使用 list-style-image 定义列表项目符号为图像

列表类型	list-style-image 属性值	显示效果
无序列表	url("图像地址")	指定列表项符号为图像。 如：ul{list-style-image:url("图像地址");}

任务分析

对本任务的分析如图 8-28 所示。

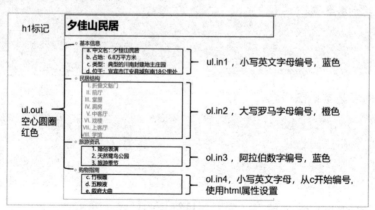

图 8-28　任务分析

任务实施

1. 使用 h1、ul 和 ol 标签构建网页元素

（1）"夕佳山民居"使用 h1 标签制作标题。

（2）网页主体采用嵌套语句搭建。"基本信息""民居结构""旅游资讯""购物指南"使用 ul 列表，"基本信息"内部嵌套了一个 ul，"民居结构"内部嵌套一个 ol 列表，"旅游资讯"内部嵌套一个 ol，"购物指南"内部嵌套一个 ol。

示例代码如下，效果如图 8-29 所示。

```
<!DOCTYPE html>
<html>
<head>
<meta charset="utf-8">
<title>夕佳山民居简介</title>
</head>
<body>
<h1>夕佳山民居</h1>
<ul>
<li>基本信息</li>
    <ul>
        <li>中文名：夕佳山民居</li>
        <li>占地：6.8 万平方米</li>
        <li>类型：典型的川南封建地主庄园</li>
        <li>位于：宜宾市江安县城东南 18 公里处</li>
    </ul>
<li>民居结构</li>
    <ol>
        <li>折叠文魁门</li>
        <li>前厅</li>
        <li>堂屋</li>
        <li>洞房</li>
        <li>中客厅</li>
        <li>戏楼</li>
        <li>上客厅</li>
        <li>学馆</li>
    </ol>
<li>旅游资讯</li>
    <ol>
        <li>婚俗表演</li>
        <li>天然鹭鸟公园</li>
        <li>旅游季节</li>
    </ol>
    <li>购物指南</li>
        <ol>
            <li>竹根雕</li>
                <li>五粮液</li>
                <li>叙府大曲</li>
```

```
                </ol>
        </ul>
        </body>
        </html>
```

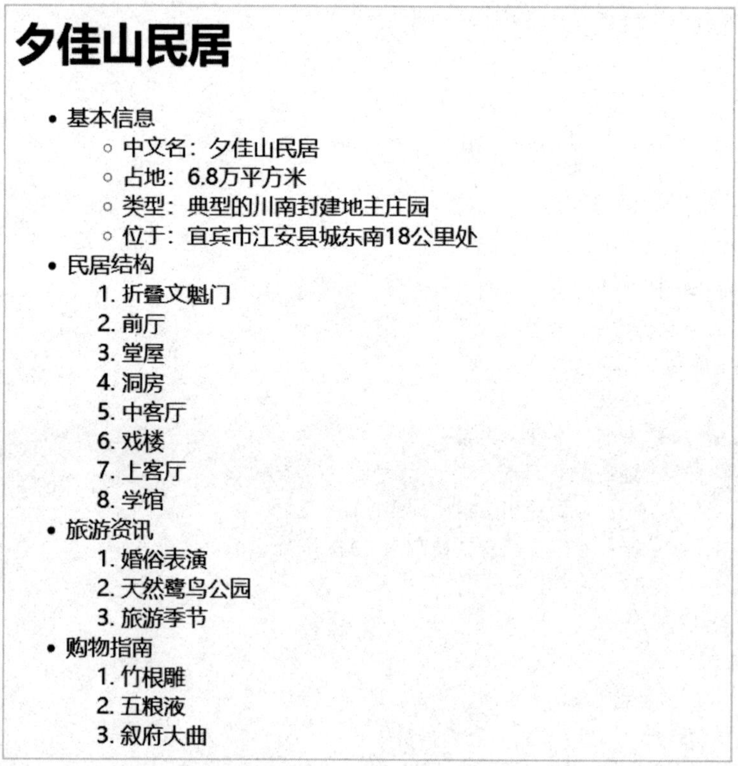

夕佳山民居

- 基本信息
  - 中文名：夕佳山民居
  - 占地：6.8万平方米
  - 类型：典型的川南封建地主庄园
  - 位于：宜宾市江安县城东南18公里处
- 民居结构
  1. 折叠文魁门
  2. 前厅
  3. 堂屋
  4. 洞房
  5. 中客厅
  6. 戏楼
  7. 上客厅
  8. 学馆
- 旅游资讯
  1. 婚俗表演
  2. 天然鹭鸟公园
  3. 旅游季节
- 购物指南
  1. 竹根雕
  2. 五粮液
  3. 叙府大曲

图 8-29　使用 h1、ul 和 ol 标签构建网页元素效果

2. 设置外部列表的样式

（1）设置外部列表样式。在上一步的代码中，给"基本信息""居民结构""旅游咨询""购物指南"的列表符号添加类名 class="out"。

（2）在<head></head>标记中添加内嵌样式表。将 out 列表中的每项 li 的项目符号设置为空心圆圈型，列表颜色为红色。也可以直接对 out 列表的 ul 进行设置，效果会应用到 out 列表中的每项 li 中。

```
<style type="text/css">
    .out{ list-style-type: circle;color: red;}  /*设置外部列表项目符号为空心圆圈，列表颜色为红色*/
</style>
```

效果如图 8-30 所示。

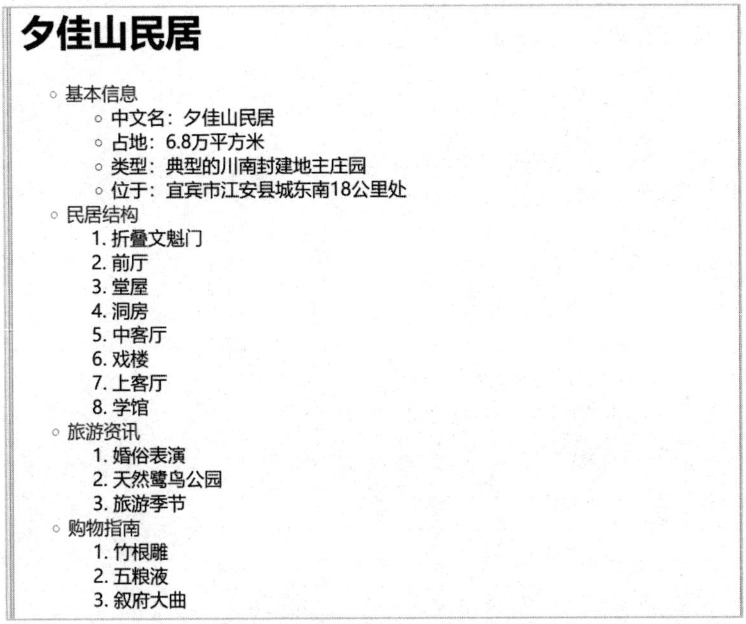

图 8-30　设置外部列表的样式效果

3. 设置嵌套列表样式

（1）分别给嵌套列表的 ul 标记添加类名 in1、in2、in3、in4。

（2）在<style></style>标签中，设置 in1 列表项目符号为 lower-alpha（小写字母编号），列表颜色设置为 blue（蓝色）。

（3）设置 in2 列表项目符号为 upper-roman（大写罗马数字编号），列表颜色设置为 orange（橙色）。

（4）设置 in3 列表项目符号设置为指定图像符号，并将位置属性 list-style-position 设置为 inside（内置显示）。

（5）使用 in4 列表 ol 的 HTML 属性 type="a"，第一项列表 li 的 value=3。

示例代码如下，效果如图 8-31 所示。

```
<!DOCTYPE html>
<html>
<head>
<meta charset="utf-8">
<title>夕佳山民居简介</title>
<style type="text/css">
    .out{ list-style-type: circle;color: red;} /*设置外部列表项目符号为空心
圆圈，列表颜色为红色*/
    .in1{ list-style-type: lower-alpha;color: blue;}/*设置项目符号为小写字
母编号，蓝色*/
    .in2{ list-style-type: upper-roman;color:orange;}/*设置项目符号为大写罗
马数字编号，橙色*/
```

```
        .in3{ list-style-position:inside;color: blue;}/*设置 in3 列表项目符号设
置为指定图像符号，并将位置属性设置为内置显示*/
    </style>
    </head>
    <body>
    <h1>夕佳山民居</h1>
    <ul>
        <!--添加类名为 out-->
        <li class="out">基本信息</li>
            <ul class="in1">
                <li>中文名：夕佳山民居</li>
                <li>占地：6.8 万平方米</li>
                <li>类型：典型的川南封建地主庄园</li>
                <li>位于：宜宾市江安县城东南 18 公里处</li>
            </ul>
        <!--添加类名为 out-->
        <li class="out">民居结构</li>
            <ol class="in2">
                <li>折叠文魁门</li>
                <li>前厅</li>
                <li>堂屋</li>
                <li>洞房</li>
                <li>中客厅</li>
                <li>戏楼</li>
                <li>上客厅</li>
                <li>学馆</li>
            </ol>
        <!--添加类名为 out-->
        <li class="out">旅游资讯</li>
            <ol class="in3">
                <li>婚俗表演</li>
                <li>天然鹭鸟公园</li>
                <li>旅游季节</li>
            </ol>
        <!--添加类名为 out-->
        <li class="out">购物指南</li>
            <!--将 in4 列表的属性设置为小写字母编号，并从"c"开始编号-->
            <ol class="in4" type="a" >
                <!--设置项目符号从"c"开始编号-->
                <li value=3>竹根雕</li>
                <li>五粮液</li>
                <li>叙府大曲</li>
            </ol>
```

```
    </ul>
    </body>
    </html>
```

提示：有序列表的 type 和 start 属性为 HTML 代码的属性，只能在 HTML 代码中使用，不能在<style></style>中使用。type=用于编号的数字，字母等的类型，如 type="a"，则采用 a,b,c,…进行编号，如<ul type="a">。start 是编号开始的数字，仅是 li 标记的属性。如<li type="a" start=2>表示编号 b 开始，如果从 1 开始可以省略。

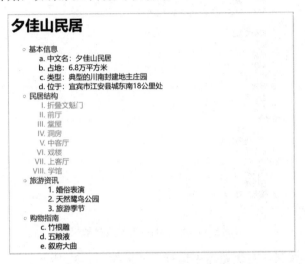

图 8-30　设置嵌套列表样式效果

任务拓展

美化如图 8-32 所示的夕佳山民居简介页。

图 8-32　夕佳山民居简介页

具体操作步骤如下：

（1）将"task11.html"另存为"practice6.html"，修改代码，统一项目符号编号，效果如图 8-33 所示。

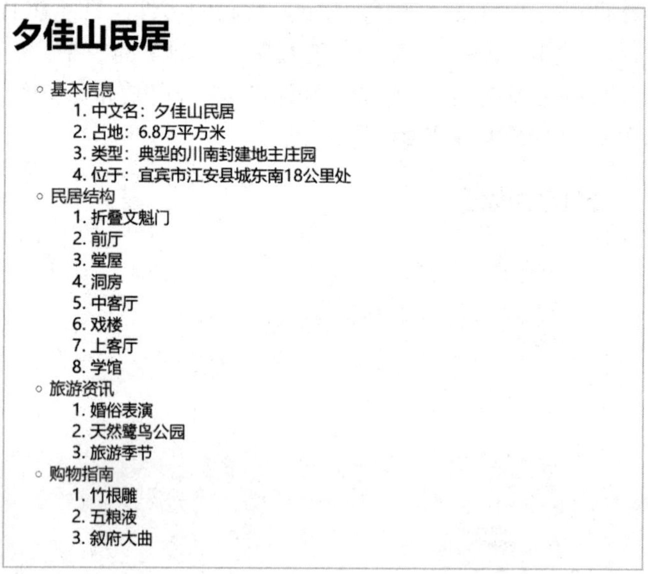

图 8-33　统一项目符号编号效果

（2）给页面添加背景，在浏览器中运行，效果如图 8-32 所示。

任务评价表

表 8-10　使用 CSS 设置列表样式任务评价表

考核项目		评价内容	总分		评价主体	评价方式
平时测试	知识点评价 40%	能够快速选出正确的列表样式属性设置代码	40		专业教师	在线测试
平时实训 任务	技能评价 50%	能够正确搭建网页元素	10	60	专业教师 企业导师	组内自评（30%） 组间互评（40%） 教师评价（30%）
		能够正确使用 list-style-type 完成各列表项目符号的设置	20			
		能够正确使用 list-style-image 完成自定义项目符号的设置	5			
		能够正确使用 list-style-position 设置项目符号的位置	5			
		能够根据样图，修改项目符号属性设置，使网页呈现样图效果	5			
		能够合理设置网页背景图片	5			
	素养评价 10%	积极主动学习	3			
		遵守实训室规定：不带违禁品进入实训室，不在实训室内做与实训无关的事	2			
		乐于探索，勇于创新	3			
		团结合作，乐于助人	2			

任务五　使用 CSS 设置链接伪类

■ 任务情境

　　小丽在前面已经学习了超链接<a>标记，可以实现网页间的跳转。为了使夕佳山民居的简介页面更加丰富有活力，小丽决定对该页面进行整理，给页面添加跳转链接，并让超链接在跳转前、单击时、鼠标指针悬停时还有单击后呈现不同样式。

■ 任务要求

　　（1）制作如图 8-34 所示的主页面。

图 8-34　主页面

　　（2）给导航栏添加超链接，并设置链接格式如下。

　　基本信息 未单击时：字体大小为 30px，颜色为蓝色。

　　　　　　　鼠标指针悬停时：字体大小为 35px，颜色为黄色。

　　民居结构 单击时，字体大小为 30px，颜色为绿色。

　　民居结构 单击后，字体大小为 30px，颜色为红色。

■ 知识准备

　　1. 伪类

　　用于定义元素的特殊状态。伪类的语法：

　　选择器：伪类类名

　　　{ 属性:属性值； }

2. 链接伪类

设置超链接的特殊显示状态。

a:link，设置元素未访问时，超链接的样式。

a:hover，设置鼠标指针悬停在元素上时的样式。

a:visited，设置元素已被访问后的样式。

a:active，设置元素正在被单击选中时的样式。

提示：a:hover 必须在 CSS 定义中的 a:link 和 a:visited 之后，才能生效！a:active 必须在 a:hover 之后才能生效，不区分大小写。

■任务分析

主页面结构与效果分析如图 8-35 所示。

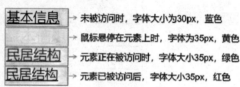

图 8-35　主页面结构与效果分析

在素材文件包中有 4 个子页面，使用<a href="子页面地址">**</a>，将对应内容链接到相应的子页面。

■任务实施

1. 制作主页面

（1）新建 task12.html，保存到指定位置。

（2）根据主页面结构和效果分析图，搭建主页元素。

① 使用 h1 标记制作标题行"夕佳山民居"。

② 将"基本信息"链接到"one.html"子页面。

③ 将"民居结构"链接到"two.html"子页面。

④ 将"旅游资讯"链接到"three.html"子页面。

⑤ 将"购物指南"链接到"four.html"子页面。

此时单击对应链接，可跳转到指定页面，如图 8-36 所示。

图 8-36　主页元素链接

页面代码如下：

```
<!DOCTYPE html>
<html>
    <head>
        <meta charset="utf-8">
        <title>主页面</title>
    </head>
    <body>
        <h1>夕佳山民居</h1>
        <a href="one.html">基本信息</a></br></br>
        <a href="two.html">民居结构</a></br></br>
        <a href="three.html">旅游资讯</a></br></br>
        <a href="four.html">购物指南</a></br></br>
    </body>
</html>
```

2. CSS 设置链接伪类样式

在<head></head>中新增内嵌样式列表<style type="test/css"></style>，对 a 标签的伪类进行设置，并设置页面背景。CSS 代码如下：

```
<style type="text/css">
    /*设置背景页面背景*/
    body{
        background: url("image/xijiashan.jpg") no-repeat top;
        background-size: 100%;
    }
    /*设置链接伪类样式*/
    a:link{font-size:30px;color: blue;} /*未单击时的链接样式*/
    a:visited{font-size: 30px;color:red;} /*单击后的链接样式*/
    a:hover{font-size:35px;color:yellow;}/*鼠标指针悬停时的链接样式*/
```

```
        a:active{font-size:30px;color:green;}/*单击时的链接样式*/
    </style>
```

保存，在浏览器中运行，效果如图 8-37 所示。单击各链接，可跳转到指定页面，且链接样式会发生相应的改变。

图 8-37 使用 CSS 设置链接伪类后在浏览器中的运行效果

任务拓展

给夕佳山居民子页面添加返回主页面的链接，使得主页面与子页面间可以相互跳转。链接样式如图 8-38 所示。

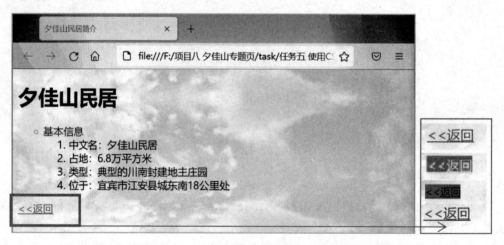

图 8-38 给子页面添加返回主页面的链接

链接伪类样式如下：

- "返回"还未被访问过时，设置为灰色字体。
- 鼠标指针悬停在"返回"上时，显示为灰色背景、黄色字体。
- "返回"正在被单击时，显示为灰色背景，紫色字体。
- "返回"被访问过后，设置为绿色字体。

任务评价表

表 8-11 使用 CSS 设置链接伪类任务评价表

考核项目		评价内容	总分	评价主体	评价方式
平时测试	知识点评价 40%	能够快速选出正确的链接伪类设置代码	40	专业教师	在线测试
平时实训任务	技能评价 50%	能够使用对应的标记正确搭建网页结构	10	专业教师企业导师	组内自评（30%）组间互评（40%）教师评价（30%）
		能够通过观察和演示，使用 a:link、a:visited、a:hover、a:active 自行设置链接伪类样式	20		
		能够看懂子页面代码，并通过知识迁移，完成子页面中"<<返回"链接的制作	10	60	
		通过链接和链接伪类设置，使其实现样例视频中的交互效果	10		
	素养评价 10%	积极主动学习	3		
		遵守实训室规定：不带违禁品进入实训室，不在实训室内做与实训无关的事	2		
		乐于探索，勇于创新	3		
		团结合作，乐于助人	2		

任务六　使用 CSS 设置表格、表单样式

任务情境

使用 CSS 可以极大地改善 HTML 表格和表单的外观。

任务要求

使用 CSS 美化天气预报表格。

知识准备

表 8-12 表格样式设置

样式	属性	属性值
设置背景色	background-color	颜色值，如"red""#FF000000"
设置表格文本颜色	color	颜色值，如"red""#FF000000"
设置表格边框	border	用法与图像边框相同，如 border: 1px solid red
设置表格边框重叠	border-collapse	取值 separatc 表示边框独立；collapse 表示边框重叠
设置单元格间距	border-spacing	取值为数值，单位为 px，只有 border-collapse 属性值为 separate 才起作用
	padding	取值为数值，单位为 px，只有 border-collapse 属性值为 collapse 才起作用
设置表格或单元格的宽度	width	取值为数值，单位为 px 或百分比，设置单元格大小时单位一般使用 px
设置表格或单元格的高度	height	取值为数值，单位为 px 或百分比，设置单元格大小时单位一般使用 px

表 8-13 边框线和边框样式设置

样式	属性	属性值
上框线	border-top	用法与图像边框相同，如 border-top: 1px solid red
下框线	border-bottom	用法与图像边框相同，如 border-bottom: 1 px solid red
左框线	border-left	用法与图像边框相同，如 border-left: 1px solid red
右框线	border-right	用法与图像边框相同，如 border-right: 1 px solid red
综合属性设置	border	用法与图像边框相同，如 border: 1px solid red

▌任务分析

结构和效果分析如图 8-39 所示。

图 8-39 结构和效果分析

（1）表格制作：使用 table、tr、td 标签搭建 6 列 10 行表格，第 1 行使用 colspan 合并 6 个单元格。

（2）使用 CSS 设置文字对齐方式和字体格式。

（3）使用 CSS 代码 width 和 height 设置表格宽度为 500px，高度为 400px。

（4）使用 CSS 代码将表格边框重叠属性设置为 "border-collapse:collapse;"。

（5）设置表格边框时，可以先清除表格所有边框，再设置下框线线型颜色。

▌任务实施

（1）在 Hbuilder 中新建 task3.html，并使用 HTML 代码制作表格，如图 8-40 所示。

夕佳山镇天气预报					
最近一周	日期	天气	温度	紫外线	穿衣
今天	11月20日	多云	9~14℃	较强	较冷
明天	11月21日	多云	9~14℃	较强	较冷
后天	11月22日	多云	9~14℃	较强	较冷
周一	11月23日	多云	9~14℃	较强	较冷
周二	11月24日	多云	9~14℃	较强	较冷
周三	11月25日	多云	9~14℃	较强	较冷
周四	11月26日	多云	9~14℃	较强	较冷
更多	……			……	

图 8-40 使用 HTML 代码制作表格

示例代码如下：

```
<!DOCTYPE html>
<html>
    <head>
        <meta charset="utf-8">
        <title>夕佳山一周天气</title>
    </head>
    <body>
        <table border="1">
        <tr><td  colspan="6">夕佳山镇天气预报</td></tr>
        <tr class="bt2">
            <th class="biaot">最近一周</th>
            <th class="biaot">日期</th>
            <th class="biaot">天气</th>
            <th class="biaot">温度</th>
            <th class="biaot">紫外线</th>
            <th class="biaot">穿衣</th>
        </tr>
        <!--今天天气-->
        <tr>
            <td>今天</td>
            <td>11 月 20 日</td>
            <td>多云</td>
            <td>9~14℃</td>
            <td>较强</td>
            <td>较冷</td>
        </tr>
        <!--明天天气-->
        <tr>
            <td>明天</td>
            <td>11 月 21 日</td>
            <td>多云</td>
            <td>9~14℃</td>
            <td>较强</td>
            <td>较冷</td>
        </tr>
        <!--后天天气-->
        <tr>
            <td>后天</td>
            <td>11 月 22 日</td>
            <td>多云</td>
            <td>9~14℃</td>
```

```
        <td>较强</td>
        <td>较冷</td>
    </tr>
    <!--周一天气-->
    <tr>
        <td>周一</td>
        <td>11 月 23 日</td>
        <td>多云</td>
        <td>9~14℃</td>
        <td>较强</td>
        <td>较冷</td>
    </tr>
    <!--周二天气-->
    <tr>
        <td>周二</td>
        <td>11 月 24 日</td>
        <td>多云</td>
        <td>9~14℃</td>
        <td>较强</td>
        <td>较冷</td>
    </tr>
    <!--周三天气-->
    <tr>
        <td>周三</td>
        <td>11 月 25 日</td>
        <td>多云</td>
        <td>9~14℃</td>
        <td>较强</td>
        <td>较冷</td>
    </tr>
    <!--周四天气-->
    <tr>
        <td>周四</td>
        <td>11 月 26 日</td>
        <td>多云</td>
        <td>9~14℃</td>
        <td>较强</td>
        <td>较冷</td>
    </tr>
    <!--更多-->
    <tr>
        <td>更多</td>
        <td>......</td>
```

```
            <td>......</td>
            <td>......</td>
            <td>......</td>
            <td>......</td>
        </tr>
        </table>
    </body>
</html>
```

（2）用 CSS 代码美化表格。

在<head></head>标记中输入<style type="text/css"></style>，对表格的样式进行设置，如图 8-41 所示。

图 8-41　对表格的样式进行设置

示例代码如下：

```
<style type="text/css">
    table{
        width: 500px; /*设置表格宽度*/
        height:400px; /*设置表格高度*/
        background-image: url("image/beijing.jpg"); /*设置表格背景*/
        background-position: right;/*设置背景图位置*/
        border-collapse:collapse;/*设置边框重叠*/
        text-align: center;/*设置字体居中*/
        color:white;/*设置字体为白色*/
        font-family: "微软雅黑";/*设置字体为微软雅黑*/
        font-size: large;/*设置字体大小为大号字体*/
        }
    th,td{
        border:none;               /*清除单元格边框*/
        border-bottom: 1px solid #ddd;         /*设置单元格下框线为实线*/
        }
</style>
```

保存运行，查看效果。

任务拓展

新建 practice7.html，制作用户注册页面（如图 8-42 所示），复习表单控件和其他 CSS 代码，完成对表单元素的搭建和样式设置。

图 8-42　用户注册页面

效果分析如图 8-43 所示。

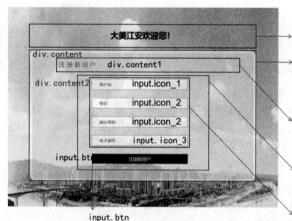

h1，880*70，居中，上边距100px，下边距30px

div.content，880*480，左右自动居中，边框线为白色、10px、实线，背景颜色为#eeecec，背景透明度为0.7，边框圆角为20px。

div.content1，880*55，字体为微软雅黑，字体颜色为#666、字体大小为24px，行高为60px，左内边距45px，上内边距15px。

div.content2，宽度为404px，外边距左右自动居中

input.btn
383*39，背景颜色为蓝色，字体18px、白色、左右居中对齐，边框线2px、实线、颜色#7f9db9，上外边距30px。

input.icon1-3
350*39，外边距左右自动居中，上外边距30px，行高40px，左内边距30px，背景白色，字体大小16px、宽度600、颜色#999，边框线2px、实线、颜色#7f9db9。

图 8-43　用户注册页面效果分析

任务评价表

表 8-14　使用 CSS 设置表格、表单样式任务评价表

考核项目		评价内容	总分		评价主体	评价方式
平时测试	知识点评价 40%	能够快速选出正确的链接伪类设置代码	40		专业教师	在线测试
平时实训任务	技能评价 50%	能够使用对应的标记正确搭建网页结构	10	60	专业教师 企业导师	组内自评（30%）组间互评（40%）教师评价（30%）
		能够通过观察和演示，使用 CSS 代码设置表格边框、大小、对齐方式、内外边距的设置	20			
		能够完成页面背景、背景透明度、矩形模块圆形边框的设置	10			
		完成任务拓展	10			
	素养评价 10%	积极主动学习	3			
		遵守实训室规定：不带违禁品进入实训室，不在实训室内做与实训无关的事	2			
		乐于探索，勇于创新	3			
		团结合作，乐于助人	2			

项目九　制作直播专题页面

项目目标

表格标记可以用于布局网页页面，但表格布局的页面不利于搜索引擎抓取网站信息，这也极大地影响网站被搜索到的概率，影响网站的排名，故实际工作中，不再采用表格的方式进行网页布局。而是使用 DIV+CSS 布局的方式进行布局。本项目将通过 DIV+CSS 的布局方式，制作一个网页直播专题页面。

任务一　任　务　准　备

任务情境

乡村电商直播，是当下的热门话题，是乡村振兴的必经之路。小丽通过了解本地的农特产品网上销售情况发现，本地的农产品销售页面非常简洁，不美观。经过了这么久的学习，小丽想利用所学知识，为家乡的农特产品制作一个更美观、更大气的电商销售页面。

任务要求

结合以前学习的图形图像处理技术，小丽经过浏览查看其他页面，设计出了一个美观大方的电商直播页面，如图 9-1 所示。

图 9-1　电商直播页面

接下来，我们就一起来完成这个页面的搭建和制作吧！

知识准备

1. 对接岗位

网页前端程序员，是网站开发过程中的必要人员，负责将美工设计师设计的网页设计稿通过网页代码编写工具输出为 HTML、CSS 等文件，然后将输出的页面文件交付给后台程序，进行功能上的开发。小丽现制作的这个等比例网页样图，就是美工设计师要完成的设计稿，接下来，我们要将这个设计稿用代码的方式还原成网页文件，我们即将承担的工作就是网页前端程序员要完成的工作。

作为一个专业的网页前端程序员，当拿到一个页面的效果图时，首先要做的就是准备工作，主要包括"建立站点、站点初始化设置、切片、效果图分析、页面布局、定义公共样式"等。

2. 认识站点

站点指建立网站时创建的文件夹。在创建本地站点时，首先要建立本地站点根文件夹和 images 子文件夹，再创建多个子文件夹，然后将站点文件分类储存到相应的子文件夹中，而不是将所有文件都存放在一个根文件夹下。站点目录结构的好坏，对站点的维护、扩充和移植有着重要的影响。一般情况下，各开发公司都有自己内部明确的目录结构和规范代码要求。images 文件夹一般用来存放图片，CSS 文件夹用来存放 CSS 文件。

3. 站点初始化

为了尽量减少各浏览器之间的兼容性问题，通常需要对 CSS 代码进行初始化，清除浏览器的默认格式设置。

4. 切片

主要是针对网页美工设计用的。如果网站上的图片太大的话，网页打开的速度就会很慢，所以网站中的大图片可以使用切片工具，将大图切成很多张小图片，这样网页打开的速度就快多了。常用的切图工具有 Photoshop、Fireworks CS6 等。

5. 页面布局

页面布局对于改善网站的外观非常重要，是为了使网站页面结构更加清晰、有条理，而对页面进行的"排版"。常见的页面布局结构有单列布局（如百度首页）、双列布局、三列布局和混合布局等。

任务分析

1. 页面结构分析

本任务中的电商直播页面属于单列布局。页面组成如图 9-2 所示。

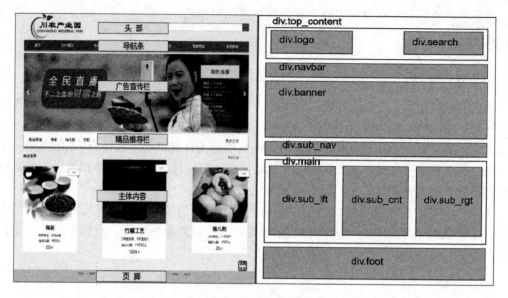

图 9-2   电商直播页面组成

2. 页面效果分析

页面版心宽度为 1786px，居中显示。除 banner 部分的文字外，其余文字均为 Helvetica、24px。共同的样式可以提前定义，以减少代码冗余。

任务实施

1. 建立站点

站点的创建四步骤：①创建网站根目录；②在根目录下新建文件；③新建站点；④站点建立完成。

（1）以 dreamweaver 工具创建站点的方法

首先，打开某个盘，然后新建 chanyeyuan 文件夹。然后在产业园文件夹下新建 images 文件夹和 css 文件夹，如图 9-3 所示。

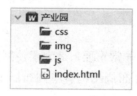

图 9-3   新建 images 文件夹和 css 文件夹

然后新建站点，打开 Dreamweaver 工具，选择菜单栏中的"站点"→"新建站点"命令，在弹出的对话框中输入站点名称，然后浏览并选择站点根目录位置，如图 9-4 所示。

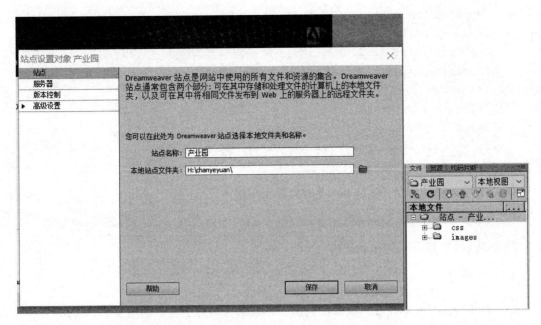

图 9-4 输入站点名称并选择站点根目录位置

然后单击"保存"按钮，此时可以在界面上看到站点已创建完成。

（2）使用 Hbuilder 创建站点的方法

如果使用的是 Hbuilder 工具进行开发，则在项目管理器中新建一个 Web 项目，这时会自动创建一个站点，并自动创建一个 index.html 文件、一个 css 文件夹、一个 img 文件夹和一个 js 文件夹，如图 9-5 所示。

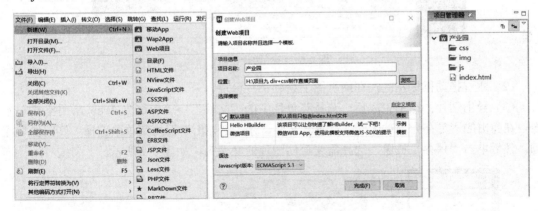

图 9-5 自动创建站点及文件与文件夹

2. 站点初始化设置

新建 style.css 文档，输入初始化代码：

```css
/*初始化代码，清除浏览器默认格式*/
body,ol,ul,h1,h2,h3,h4,h5,h6,p,th,td,dl,dd,form,fieldset,legend,input,
textarea,select{margin:0;padding:0;}
```

```
body{font:12px"宋体","Arial Narrow",HELVETICA;background:#fff;-webkit-
text-size-adjust:100%;}
    a{color:#ffffff;text-decoration:none;} /*设置 a 标签默认格式*/
    a:hover{color:#94CA33;text-decoration:underline;}/*设置 a 标签默认格式*/
em{font-style:normal;}
    li{list-style:none;}
    img{border:0;vertical-align:middle;}
    table{border-collapse:collapse;border-spacing:0;}
    p{word-wrap:break-word;}
```

然后打开 index.html，在<head></head>标记中输入：

```
<link rel="stylesheet" type="text/css" href="task2_style.css" />
```

将 style.css 样式引入到 index 中。

3. 切片练习

（1）在 Photoshop 中打开网页高保真图，然后选择切片工具，如图 9-6 所示。

图 9-6 选择切片工具

（2）通过拖动鼠标左键，在网页图上绘制切片区域。

（3）导出切片。绘制完成后，选择菜单栏中的"文件"→"存储为 Web 所用格式"命令，在弹出的"另存为"对话框中重命名文件，并在"导出"下拉菜单中选择"仅图像"选项，然后单击"保存"按钮，选择需要存储图片的文件夹，如图 9-7 所示。

图 9-7 导出切片

导出后的图片存储在站点根目录的 images 文件夹内，切图后的素材如图 9-8 所示。

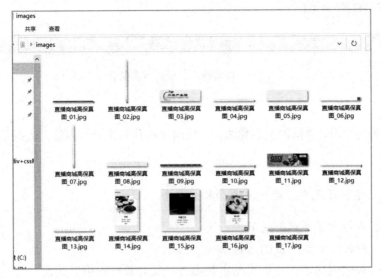

图 9-8　切图后的素材

任务评价表

表 9-1　制作直播专题页面任务准备

考核项目		评价内容	总分	评价主体	评价方式
平时测试	知识点评价 40%	能够从选项中正确选出网页前端程序员的工作职责； 能够判断站点的作用； 能够选出站点下的文件和文件夹，并明确各文件和文件夹的作用； 明确网页初始化的作用	40	专业教师	在线测试自动评分
平时实训任务	技能评价 50%	能够快速熟练创建网站站点	15	专业教师企业导师	组内自评（30%） 组间互评（40%） 教师评价（30%）
		能够进行网页切片操作，并正确保存切片文件	15		
		能够进行网页初始化设置	20		
	素养评价 10%	积极主动学习新知	3		
		遵守实训室规定：不带违禁品进入实训室，不在实训室内做与实训无关的事	2		
		乐于探索，勇于创新	3		
		团结合作，乐于助人	2		

任务二　制作页头部分

任务情境

页头部分是一个网页的重要组成部分。对一个网站而言，网站的各页面的页头部分是相同的，可以直接调用。本节任务是制作江安特产商城的页头部分，如图 9-9 所示。

图 9-9　江安特产商城的页头部分

任务要求

通过本任务的学习，明确网页制作流程、页面结构和效果分析方法，认识 CSS 模型盒子。

知识准备

1. 认识父元素、子元素、后代元素和兄弟元素

父元素：直接包含子元素的元素。

子元素：直接被父元素包含的元素。

祖先元素：直接或间接包含后代元素的元素，父元素也是祖先元素。

后代元素：直接或间接被祖先元素包含的元素，子元素也是后代元素。

兄弟元素：拥有相同父元素的元素叫兄弟元素。

示例代码如下：

```
<!DOCTYPE HTML>
<html>
  <head>
    <title></title>
  </head>
  <body>
    <h1>This is an example.</h1>
    <p>This is  <span> an </span> example.</p>
  </body>
</html>
```

在上述例子中，直接跟着 body 元素的 h1 元素和 p 元素既是 body 元素的子元素，又是 body 元素的后代元素，span 属于间接被 body 包含，只是 body 的后代元素，不属于 body 的子元素。body 元素既是 h1 元素和 p 元素的父元素，又是 h1 元素、p 元素和 span 元素的祖先元素。body 元素下的 p 元素和 h1 元素互为兄弟元素。

2. 认识块级元素、行内元素和行内块级元素

HTML 标签分为两种等级：行内元素和块级元素。

行内元素与其他行内元素并排显示，不能设置宽度和高度，默认的宽度就是文字的宽度。常见的行内元素有：span 标记、a 标记、b 标记、i 标记、u 标记和 em 标记等。

块级元素独占一行，不能与其他任何元素并列显示，能够设置宽度和高度，如果不设置宽度，则默认宽度与父元素的宽度一样。常见的块级元素有：div 标记、h 系列标记、P 标记、

ul 标记、li 标记、ol 标记、dl 标记、table 标记和 form 标记等。

行内块级元素不会自动换行，但可以进行尺寸设置。如 button 标记、input 标记、textarea 标记、select 标记和 img 标记等。

3. 认识 display 属性

通过 display 属性，可以将块级元素和行内元素进行相互转换。基本语法格式如下：

```
选择器{float:属性值;}
```

display 常用的属性值如表 9-2 所示。

表 9-2　display 常用的属性值

属性值	作用
block	将元素转换为块级元素
inline-block	将元素转换为行内块级元素
inline	将元素转换为行内元素

例如，

```
<!DOCTYPE html>
<html>
    <head>
        <meta charset="utf-8">
        <title>行内元素转换为块级元素</title>
    </head>
    <body>
        <span style="background-color: blue;width: 140px;height: 200px;">
    </body>
</html>
```

此时在 span 标记属性中的大小和高度设置不生效，如图 9-10 所示。

图 9-10　在 span 标记属性中的大小和高度设置不生效

将 style 代码中增加 "display:block;"，代码如下：

```
<span style="display: block;background-color: blue;width: 140px;height:
50px;">我是行内元素，不能设置大小。</span>
```

在浏览器中预览，span 标记的高度和大小设置生效，如图 9-11 所示。

图 9-11　span 标记的高度和大小设置生效

4. div 标记

div 是一个块级元素，在语义上不表示任何特定类型的内容。然而，其可以将内容分组，然后使用 class 或是 id 属性定义内容的格式。在不使用 CSS 的情况下，其对内容或布局没有任何影响。

5. CSS 盒子模型（Box Model）

CSS 盒子模型是用 CSS 技术来进行网页设计和布局的一种思维模型。所有的 HTML 元素都可以看作是一个盒子。盒子模型允许我们在其他元素和周围元素边框之间的空间放置元素。这些元素包括：内容（Content）、内边距（Padding）、边框（Border）和外边距（Margin），如图 9-12 所示。

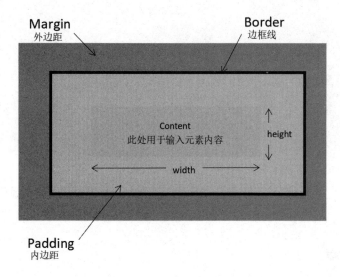

图 9-12　CSS 盒子模型

内容（Content）就是盒子中间装的东西，外边距和内边距就是边框外面和内部需要自动留出的一段空白。

除内容（Content）外，其他每个属性都包括上、下、左、右 4 个部分设置。这 4 个部分可同时设置，也可分别设置，其中边框还有厚薄、线型和颜色设置，如图 9-13 和表 9-3 所示。

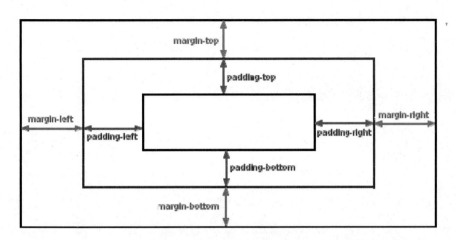

图 9-13　CSS 盒子模型图解

表 9-3　内、外边距属性设置

样式	属性	属性值
上外边距	margin-top	取值为数值，单位为 px，如 margin-top：10px
右外边距	margin-right	取值为数值，单位为 px，如 margin-right：10px
下外边距	margin-bottom	取值为数值，单位为 px，如 margin-bottom：10px
左外边距	margin-left	取值为数值，单位为 px，如 margin-left：10px
外边距综合属性	margin	margin：上外边距值 右外边距值 下外边距值 左外边距值； margin：上下外边距值 左右外边距值； 如 margin：0 auto 表示上下外边距值为 0，左右在父元素中自动居中
上内边距	padding-top	取值为数值，单位为 px，如 padding-top：10px
右内边距	padding-right	取值为数值，单位为 px，如 padding-right ：10px
下内边距	padding-bottom	取值为数值，单位为 px，如 padding-bottom：10px
左内边距	padding-left	取值为数值，单位为 px，如 padding-left：10px
内边距综合属性	padding	padding：上内边距值 右内边距值 下内边距值 左内边距值； padding：上下内边距值 左右内边距值； 如 padding：10px　20px 15px 25px；表示上内边距值为 10px，右内边距值为 20px， 下内边距值为 15px，左内边距值为 25px

　　为了正确设置元素在所有浏览器中的宽度和高度，我们需要知道盒模型是如何工作的。

　　盒模型宽度和高度与我们平常所说的物体的宽度和高度理解是不一样的，CSS 内定义的宽（width）和高（height），指的是填充以里的内容范围。因此一个元素实际宽度（盒子的宽度）=左边界+左边框+左填充+内容宽度+右填充+右边框+右边界。如盒子的 HTML 代码如下：

```
<!DOCTYPE html>
<html>
    <head>
        <meta charset="utf-8">
        <title>CSS 盒子模型</title>
        <link type="text/css" rel="stylesheet" href="example2.css" />
```

```
        </head>
        <body>
            <div class="hz">
                我是一个 div 盒子。我是一个 div 盒子。我是一个 div 盒子。我是一个 div 盒子。我
是一个 div 盒子。我是一个 div 盒子。我是一个 div 盒子。
            </div>
        </body>
</html>
CSS 代码如下：
body{
    background-color: cornflowerblue;
}
.hz{
    width:200px ;            /*定义内容高度为200px*/
    height: 100px;          /*定义内容宽度为100px*/
    padding: 40px;          /*定义上、右、下、左的内边距均为40px*/
    margin: 20px;           /*定义上、右、下、左的外边距均为20px*/
    border: 10px solid blue; /*定义上、右、下、左的边框线均为10px蓝色实线*/
    background-color: orange;/*定义盒子的背景颜色为橙色*/
}
```

运行效果如图 9-14 所示。

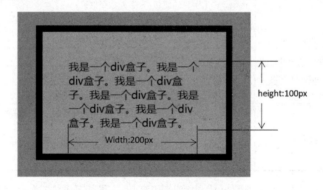

图 9-14　盒子的 HTML 代码运行效果

需要注意的是，CSS 盒子的宽度不等于是内容的宽度和高度（如图 9-15 所示）。CSS 盒子的宽度=左外边距+左边框线宽度+左内边距+内容宽度+右内边距+右边框线宽度+右外边距，故

此 CSS 盒子的宽度=20px+10px+40px+200px+40px+10px+20px

此 CSS 盒子的高度=20px+10px+40px+100px+40px+10px+20px

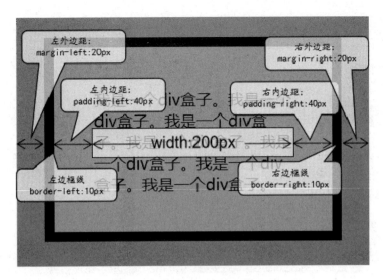

图 9-15　CSS 盒子的宽度与高度

6. float 浮动设置

元素的浮动是指设置了浮动属性的元素会脱离标准普通流的控制，移动到其父元素中指定位置的过程。它可以让任何盒子可以在一行排列，如导航栏的制作。

在 CSS 中，通过 float 属性（表 9-4）来定义浮动，其基本语法格式如下：

选择器{float:属性值;}

表 9-4　float 属性值

属性值	描述
left	元素向左浮动
right	元素向右浮动
none	元素不浮动（默认值）

示例代码如下：

```
<!DOCTYPE html>
<html>
    <head>
        <meta charset="utf-8">
        <title>浮动设置</title>
        <style type="text/css">
            /*设置模块1、2、3、4的大小和浮动属性*/
#one,#two,#three,#four{
                width:200px;height:100px;
            }
#one{background-color:#FFFF00;}
            #two{background-color:#ADFF2F;}
            #three{background-color:#DA70D6;}
```

```
                    #four{background-color:#DAA520;}
            </style>
        </head>
        <body>
            <div id="one">我是第 1 个模块</div>
            <div id="two">我是第 2 个模块</div>
            <div id="three">我是第 3 个模块</div>
            <div id="four">我是第 4 个模块</div>
        </body>
    </html>
```

未设置 float 属性时，预览效果如图 9-16 所示。

图 9-16　未设置 float 属性时的预览效果

在模块 1、2、3、4 的 CSS 代码中增加浮动属性设置，代码如下：

```
#one,#two,#three,#four{
width:200px;height:100px;
float:left;        /*设置各模块的浮动属性为左浮动*/
    }
```

运行效果如图 9-17 所示。

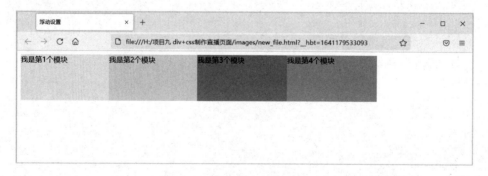

图 9-17　　增加浮动属性设置运行效果

任务分析

图 9-9 页头部分相当于由很多个 CSS 盒子构成。第一行由 Logo 元素、搜索框搜索按钮组成，第二行由多个导航标签组成。需要注意的是，同一行元素要在一个外包裹框内，才能更好地对内容进行整体调节，故出现了多个外包裹框，结构如图 9-18 所示，效果分析如图 9-19 所示。

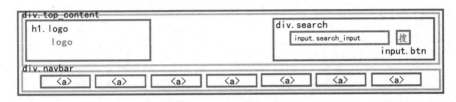

图 9-18　页头部分结构

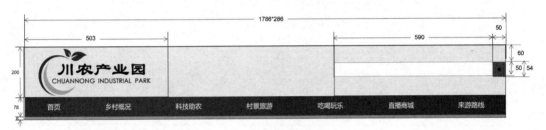

图 9-19　页头部分效果分析

（1）尺寸大小如图 9-19 所示。

（2）h1 和 div.search 浮动分别设置为左右浮动。

（3）div.navbar 中的 a 标签要使用 display 属性将其转换为模块元素，设置大小，并将其属性设置为左浮动，通过设置外边距，调整标签之间的间隔。

任务实施

（1）打开 index.html，搭建网页元素，HTML 代码如下：

```html
<!DOCTYPE html>
<html>
    <head>
        <meta charset="utf-8">
        <title>川农产业园直播购物</title>
        <!--引入外部 CSS 样式表-->
        <link rel="stylesheet" type="text/css" href="css/style.css" />
    </head>
    <body>
        <!--页头开始-->
            <!--第一行结构-->
        <div class="top_content">
            <!--Logo-->
```

```
                    <h1  class="logo"><img  src="img/logo.png"  width="503px"
height="190px"/></h1>
                    <!--搜索框-->
                    <div class="search">
                        <input type="text" class="search_input" />
                        <input type="button" class="btn"  value="搜"/>
                    </div>
                </div>
                <!--第二行结构-->
                <div class="navbar">
                    <a href="#">首页</a>
                    <a href="#">乡村概况</a>
                    <a href="#">科技助农</a>
                    <a href="#">村景旅游</a>
                    <a href="#">吃喝玩乐</a>
                    <a href="#">直播商城</a>
                    <a href="#">来游路线</a>
                </div>
            <!--页头结束-->
            </body>
        </html>
```

（2）在 style.css 文件中，对页头部分元素进行样式设置，输入如下代码：

```
/*设置页头部分样式*/
body{
    width: 1786px;/*设置页面宽度，高度不设置使其根据内容自动调整*/
    margin: 0 auto;/*设置页面为左右居中*/
}
.top_content{
    height: 200px;/*设置第一行容器高度，不设置宽度，则宽度与父元素 top 一样*/
}
.logo{
    float: left;/*设置 logo 为左浮动*/
}
.search{
    float: right;      /*设置搜索框为右浮动*/
    margin-top: 80px;/*使搜索模块的上外边距为80px*/
}
.search_input{
    width: 585px;  /*设置搜索框尺寸*/
    height:50px;
    border: 1px solid #00853F; /*设置搜索框边框为1px绿色实线*/
    border-radius:5px;          /*设置搜索框为圆角边框*/
```

```
    }
    .btn{
        width: 50px;              /*设置按钮尺寸*/
        height: 54px;
        background-color: #00853F; /*设置背景颜色*/
        border-radius:5px;         /*设置搜索按钮为圆角按钮*/
        position: relative;        /*设置搜索按钮位置为相对位置*/
        left: -12px;               /*使搜索按钮相对当前位置左移12px*/
    }
    .navbar{
        width: 1786px;             /*设置导航条尺寸*/
        height: 78px;
        border-bottom: 8px solid #94CA33 ;/*设置导航条下边框线为8px实线*/
        background-color:#00853F;  /*设置导航条背景颜色*/
    }
    .navbar a{
        display: inline-block;     /*设置导航条里的a标签按钮为行内标签*/
        font-size: 24px;           /*设置a标签字体为24px*/
        line-height: 78px;         /*设置a标签字体行高为78px,使a标签上下居中*/
        width:240px;               /*设置a标签模块宽度为240px*/
        text-align: center;        /*设置a标签在模块内居中显示*/
    }
    /*页头格式设置结束*/
```

（3）保存，预览效果如图 9-9 所示。

值得注意的是，此处使用的是外部引入 CSS 样式表，需要在 HTML 中使用<link rel="stylesheet" type="text/css" href="task2_style.css" />将样式表链入后，才能使样式生效。

■任务拓展

导航栏的布局方式，除了可以使用浮动的方式排列，但在实际应用中，更多的是使用弹性盒子的进行自动布局。

CSS3 弹性盒（Flexible Box 或 flexbox），提供了一种更加有效的方式来对一个容器中的子元素进行排列、对齐和分配空白空间。

例如前面使用"float:left;"，实现了 4 个模块的横向排列，但横向排列后，四个模块没有均匀地分布在一行上面。

弹性盒子由弹性容器（flex container）和弹性子元素（flex item）组成。

弹性容器通过设置 display 属性的值为 flex 或 inline-flex 将其定义为弹性容器。通过 justify-content（内容对齐）属性设置弹性子元素的对齐方式。其语法如下：

```
justify-content: flex-start | flex-end | center | space-between |
space-around
```

各个属性值效果图展示如图 9-20 所示。

图 9-20　各个属性值效果图展示

接下来，我们就用弹性盒子模型来实现 4 个模块的横向均匀分布，效果如图 9-21 所示。

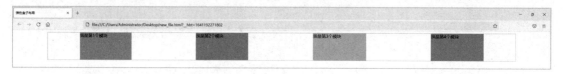

图 9-21　4 个模块的横向均匀分布效果

HTML 结构代码如下：

```
<!DOCTYPE html>
<html>
    <head>
        <meta charset="utf-8">
        <title>弹性盒子布局</title>
    </head>
    <body>
        <div class="flex-container">
            <div class="flex-item" id="one">我是第 1 个模块</div>
            <div class="flex-item" id="two">我是第 2 个模块</div>
            <div class="flex-item" id="three">我是第 3 个模块</div>
            <div class="flex-item" id="four">我是第 4 个模块</div>
        </div>
    </body>
</html>
```

在<head></head>之间添加 CSS 代码如下：

```
<style type="text/css">
    .flex-container{
```

```
        width: 1786px;
        height: 100px;
        margin: 0 auto;        /*设置外边框及其包裹的内容整体居中*/
        border: 1px solid yellowgreen;/*设置外边框大小和边框颜色*/
        }
    .flex-item{
        width: 200px;          /*设置子模块尺寸*/
        height: 100px;
        }
    /*设置子模块背景颜色*/
    #one{background-color: deepskyblue;}
    #two{background-color: orchid;}
    #three{background-color: burlywood;}
    #four{background-color: orchid;}
</style>
```

此时预览效果如图 9-22 所示。

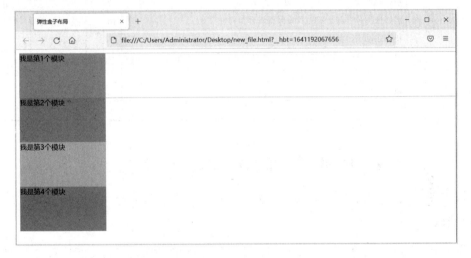

图 9-22　添加 CSS 代码后的预览效果

在.flex-container{……}的最后，新增弹性盒子代码：

```
display: flex;
justify-content: space-around;/**/
```

保存，再次预览，效果如图 9-23 所示。

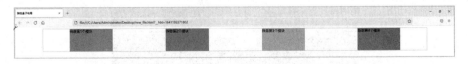

图 9-23　新增弹性盒子代码后的预览效果

此时，弹性容器内的弹性子元素均匀横向分布在弹性容器内。

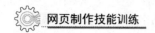
任务拓展

根据弹性盒子的均匀布局方法，使用弹性盒子对前面任务中导航条的各个标签进行横向均匀布局。

任务评价表

表 9-5　制作页头部分任务评价表

考核项目		评价内容		总分	评价主体	评价方式
平时测试	知识点评价 40%	能够通过代码预判 float 浮动的效果； 能够正确计算 CSS 盒子模型的高度和宽度； 能够正确写出 CSS 盒子模型的代码； 能够判断 display 进行块级元素和行内元素的转换代码是否正确； 能够根据代码判断模块的位置		40	专业教师	在线测试自动评分
平时实训任务	技能评价 50%	能够熟练使用 margin、padding、position、left、top 等进行内容的位置调整	15	60	专业教师 企业导师	组内自评 （30%） 组间互评 （40%） 教师评价 （30%）
		能够根据样图，熟练的对块级元素和行内元素进行转换	15			
		能够熟练使用 float 对模块进行浮动设置	10			
		能够使用弹性盒子对导航条标签进行布局	10			
	素养评价 10%	积极主动学习新知	3			
		遵守实训室规定：不带违禁品进入实训室，不在实训室内做与实训无关的事	2			
		乐于探索，勇于创新	3			
		团结合作，乐于助人	2			

任务三　制作 banner 部分

任务情境

banner 指的是网页上的横幅广告，占据着网页中的最具视觉冲击力的位置。一个网站的 banner 设计尤为重要，直接体现着这个网站的企业文化、突出产品特点等。为了使 banner 更加生动有看点，通常会给 banner 制作自动切换图片的效果。

任务要求

本节任务主要是制作网页的 banner 部分，并使用 CSS 代码实现图片的动态切换效果，如图 9-24 所示。

图 9-24　图片的动态切换效果

知识准备

1. 元素定位

元素的定位属性有 position、top、left、right 和 bottom。

position 属性规定元素的定位类型。其属性值及描述如表 9-6 所示。

表 9-6 position 属性值及描述

属性	描述
absolute	生成绝对定位的元素。相对于 static 定位以外的第一个父元素进行定位。 元素的位置通过"left""top""right""bottom"属性进行设置
fixed	生成绝对定位的元素，相对于浏览器窗口进行定位。 元素的位置通过"left""top""right""bottom"属性进行设置
relative	生成相对定位的元素，相对于其正常位置进行定位。 因此，"left:20"会向元素的 left 位置左移动 20px
static	默认值。没有定位，元素出现在正常的流中（忽略 top、bottom、left、right 或 z-index 声明）
inherit	规定应该从父元素继承 position 属性的值

（1）通过 positon 设置 div 盒子位置

示例代码如下：

```
<!DOCTYPE html>
<html>
    <head>
        <meta charset="UTF-8">
        <title></title>
        <style type="text/css">
            .wrap{
                width: 600px;
                height: 300px;
                margin-top:50px;
                border: 1px solid darkred;
                background-color:dodgerblue;
            }
            .content1{
                width: 100px;
                height: 50px;
                background-color: yellow;
                position: absolute;/*设置元素为绝对定位*/
                top:50px;
            }
        </style>
    </head>
    <body>
```

```
        <div class="wrap">
            <div class="content1"></div>
            <div class="conten2"></div>
        </div>
    </body>
</html>
```

运行效果如图 9-25 所示。

图 9-25　通过 positon 设置 div 盒子位置效果

当把 "position: absolute;/*设置元素为绝对定位*/" 替换为 "position: relative;/*设置元素为相对定位*/" 后，运行效果如图 9-26 所示。

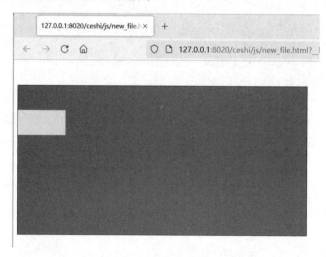

图 9-26　将绝对定位替换为相对定位后的效果

（2）通过 background-position 设置图标按钮

例如，要在一个 60px×60px 的 div 模块中显示图 9-27 中的第二个图标。

图 9-27　图标按钮

示例代码如下：

```html
<!DOCTYPE html>
<html>
    <head>
        <meta charset="UTF-8">
        <title></title>
        <style type="text/css">
            .ico{
                width: 60px;
                height: 60px;
                border: 1px solid darkred;
                background-image: url(../img/icon.png);
                background-position: -10px -6px ; /*调整图片填充位置*/
            }
        </style>
    </head>
    <body>
        <div class="ico"></div>
    </body>
</html>
```

试一试：尝试将图标按钮设置为"福"字按钮和大鼓按钮。

2. 阴影设置

box-shadow 属性可以向 CSS 盒子添加一个或多个阴影。其语法格式如下：

```
box-shadow: offset-x offset-y blur spread color inset;
```

参数解释：

offset-x：offset-x 是水平阴影的位置。正负值都可以，是必需设置的。

offset-y：offset-x 是垂直阴影的位置。正负值都可以，也是必需设置的。

Blur：设置阴影模糊半径，0 即无模糊效果，值越大阴影边缘越模糊。可以不设置。

spread：设置阴影向四周扩展的尺寸，取值正负都可。正值，阴影扩大，负值阴影缩小。也可以不设置。

color：阴影的颜色。如果不设置，浏览器会取默认颜色，通常是黑色，但各浏览器默认颜色有差异，建议不要省略。可以是 rgb(250,0,0)，也可以是有透明值的 rgba(250,0,0,0.5)。

inset：可选。关键字，将外部投影（默认 outset）改为内部投影。inset 阴影在背景之上，内容之下。

inset 可以写在参数的第一个或最后一个，其他位置是无效的。

3. rgba()函数调节颜色和透明度

语法格式如下：

```
rgba(red, green, blue, alpha)
```

rgba()函数可以使用红（R）、绿（G）、蓝（B）、透明度（A）的叠加来生成各式各样的颜色。其中 alpha 是透明度调节，可以是 0（完全透明）～1（完全不透明）。

■ 任务分析

banner 尺寸如图 9-28 所示，banner 模块中除了有背景图片，还有浮动在背景上面的左右箭头、我的直播列表和图片切换按钮。左右箭头、"我的直播"和图片切换按钮均需要用到定位属性。"我的直播"列表有阴影。

图 9-28　banner 尺寸

■ 任务实施

（1）打开 index.html，在 index.html 中"页头结束"后继续搭建 banner 部分的网页元素，示例代码如下：

```
<!-- banner 开始 -->
<div class="banner">
    <!--定义左右箭头区域-->
    <a href="#" class="jiantou_1"></a>
    <a href="#" class="jiantou_2"></a>
    <!-- 我的直播列表 -->
    <div class="mine">
        <h4>我的直播</h4>
        <div class="body">
            <ul>
                <li>
                    <h5>继续 <span>上次直播</span></h5>
                    <p>直播时间：2077/5/9</p>
```

```
                </li>
                <li>
                    <h5>继续 <span>上次直播</span></h5>
                    <p>直播时间: 2077/5/9</p>
                </li>
                <li>
                    <h5>继续 <span>上次直播</span></h5>
                    <p>直播时间: 2077/5/9</p>
                </li>
            </ul>
            <a href="#">全部直播</a>
            </div>
        </div>
    </div>
<!-- banner 结束 -->
```

（2）设置左右箭头格式。打开 style.css，在"页头格式结束"后继续添加 banner 部分的样式设置，示例代码如下：

```
/*banner 尺寸和背景设置*/
.banner {
    height: 520px;
    margin-top: 10px;
    background-image:url(../img/banner.png);
}

/*左右箭头设置*/
.banner .jiantou_1 {
    display:inline-block;          /*设置左箭头标签为块元素*/
    width: 20px;     /*设置左箭头容器的尺寸*/
    height: 40px;
    position: absolute;/*设置左箭头容器与父级元素的绝对位置*/
    top: 50%;                /*设置左箭头容器位于父级元素垂直方向的中间位置*/
    margin-left: 10px; /*设置左箭头容器距离父级元素左端的距离为10px*/
    background-image: url(../img/tubiao.png) ; /*设置左箭头容器的背景为左箭头*/}
.banner .jiantou_2 {
    display: inline-block; /*设置右箭头标签为块元素*/
    width: 20px;            /*设置右箭头标签尺寸*/
    height: 40px;
    position: absolute; /*设置右箭头容器与父级元素的绝对位置*/
    top:50%;              /*设置右箭头容器位于父级元素垂直方向的中间位置*/
    margin-left:1758px; /*设置右箭头容器距离父级元素左端的距离为1758px*/
    background-image: url(../img/tubiao.png);/*设置右箭头容器的背景图*/
background-position: -1725px 0;   /*设置填充部分为距离左侧1725px处的图片*/}
```

/*左右箭头设置结束*/

（3）设置"我的直播"列表样式，示例代码如下：

```css
/* 我的直播列表设置*/
.mine {
    float: right;
    margin: 72px 70px 0 0;
    height: 412px;
    border: 1px solid rgba(255, 255, 255, .34);
    width: 302px;
}
.mine:hover {
    box-shadow: 5px 5px 10px rgba(0, 0, 0, .3);
}
.mine h4 {
    height: 90px;
    background-color: #e7e7df;
    line-height: 90px;
    font-size: 32px;
    color: #3b6030;
    text-align: center;
}
.sub_content {
    background-color: rgba(0, 0, 0, .34);
    height: 322px;
    padding: 0 10px;
}
.sub_content ul li {
    height: 60px;
    border-bottom: 1px solid #fff;
    padding-top: 20px;
    line-height: 25px;
}
.sub_content ul li h5 {
    font-size: 22px;
    font-weight: 500;
    color: #eeeeee;
}
.sub_content ul li h5 span {
    font-size: 20px;
}
.sub_content ul li p {
    font-size: 16px;
```

```
    color: #cecece;
}
.sub_content a {
    display: block;
    width: 280px;
    margin-top: 10px;
    height: 56px;
    border: 1px solid #00853e;
    font-size: 32px;
    text-align: center;
    line-height: 56px;
    color: #00853e;
}
/*我的直播 结束*/
```

▌任务拓展

在百度首页搜索"html banner 轮播图的制作方法"可以发现，既可以使用 CSS 代码实现，也可以使用 JavaScript 实现。请根据网页提示，完成 banner 模块轮播图效果的制作。

▌任务评价表

表 9-7　制作 banner 部分任务评价表

考核项目		评价内容	总分		评价主体	评价方式
平时测试	知识点评价 40%	能够通过代码预判 float 浮动的效果； 能够正确计算 CSS 盒子模型的高度和宽度； 能够正确写出 CSS 盒子模型的代码； 能够判断 display 进行块级元素和行内元素的转换代码是否正确； 能够根据代码判断模块的位置	40		专业教师	在线测试自动评分
平时实训任务	技能评价 50%	能够熟练使用 margin、padding、position、left、top 等进行内容的位置调整	15	60	专业教师 企业导师	组内自评 (30%) 组间互评 (40%) 教师评价 (30%)
		能够根据样图，熟练的对块级元素和行内元素进行转换	15			
		能够熟练使用 float 对模块进行浮动设置	10			
		能够使用弹性盒子对导航条标签进行布局	10			
	素养评价 10%	积极主动学习新知	3			
		遵守实训室规定：不带违禁品进入实训室，不在实训室内做与实训无关的事	2			
		乐于探索，勇于创新	3			
		团结合作，乐于助人	2			

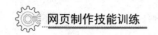

任务四　制作主体部分

▌任务情境

网页的主体部分是网站信息的展示区域，电商类网站的主体部分，主要呈现商品，激发消费者的购买欲。

▌任务要求

本节任务主要是完成网页的主体部分的制作，如图 9-29 所示。

图 9-29　网页的主体部分

▌任务分析

网页样图中，直播网页的主体部分包括两部分内容，一是精品推荐栏，另一部分是热点商品展示区。

1. 商品推荐导航条结构分析

图 9-30 所示为商品推荐导航条结构分析。

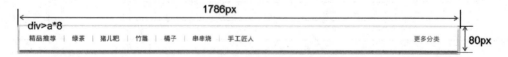

图 9-30　商品推荐导航条结构分析

2. 商品推荐导航条效果分析

此处可以使用 ul 标记和 li 标记搭建元素，然后通过 float 实现横向排列效果。也可以使用<a>标签，直接使其横向排列，然后将<a>标签转换成块级元素，再通过调整块级元素的宽度，调整间隔，垂直的竖线可以通过设置块级元素的边框线来实现。如果将结构分为左右两个 div，左右浮动，则可以对左侧的 div 使用弹性盒子进行布局。

3. 商品展示区结构分析

图 9-31 所示为商品展示区结构分析。

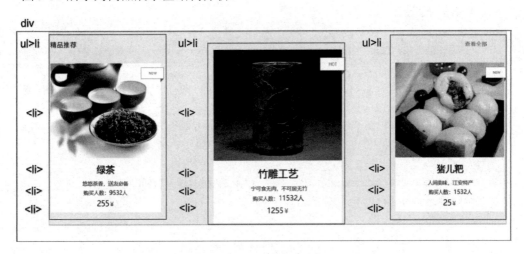

图 9-31　商品展示区结构分析

4. 商品展示区效果分析

商品展示区需要有一个外包裹框，让其将内部的 3 个模块元素包裹到一起，然后通过 margin:0 auto;使整体在页面中居中显示。

水平分布，可以使用弹性布局，给外包裹框 div 设置 display:flex；属性，然后使用 justify-content: space-between;实现样图中的显示效果。

图片大小尽量在前期准备时，就将图片尺寸裁剪好，直接引用就好了，尽量避免使用代码来调整图片尺寸，减少代码量，同时也保证图片显示质量。

相同字体的文字，可以设置为同一个类名。

■ 任务实施

（1）打开 index.html，在 index.html 中"banner 部分"后搭建精品推荐栏子导航栏的网页元素，代码如下：

```
<!--精品推荐栏 sub-nav 开始-->
<div class="sub_nav">
<a href="#" id="gren1">精品推荐</a>
   <a href="#" class="grey1">绿茶</a>
```

```
    <a href="#" class="grey1">猪儿粑</a>
    <a href="#" class="grey1">竹雕</a>
    <a href="#" class="grey1">橘子</a>
    <a href="#" class="grey1">串串烧</a>
    <a href="#" class="grey1">手工匠人</a>
    <a href="#" id="gren2">更多分类</a>
</div>
    <!--精品推荐栏 sub-nav 结束-->
```

（2）打开 style.css，在 banner 样式后继续编写精品推荐栏子导航栏的 CSS 代码：

```
/*精品推荐条设置开始*/
.sub_nav{
    width:1786px;                          /*设置子导航条尺寸*/
    height:80px;
    box-shadow:5px 5px 10px rgba(20,20,20,.4) ;  /*设置子导航条阴影格式*/
    margin: 0 auto;                        /*设置子导航条居中显示*/
    margin-top: 10px;                 /*设置子导航条距离上一元素的距离为10px*/
    }
#gren1{
    font-size: 28px;                  /*设置"精品推荐"标签的格式与位置*/
    font-weight:bold;
    color: green;
    margin-left: 25px;
    margin-right: 15px;
}
#gren1:hover{color:#F1652D;font-size: 30px;}/*设置鼠标指针移动到"精品推荐"
标签上时标签的颜色和大小，呈现被选中的效果*/
    .grey1{
        display:inline-block;             /*设置标签为行内块级元素，方便设置大小*/
        width: 120px;                     /*通过大小调节，使标签均匀分布开*/
        font-size:20px;
        margin-top: 28px;/*调整标签位置，使标签上下居中显示*/
        border-left: 1px solid grey;/*通过设置左边框实现垂直竖线的效果*/
        line-height:25px;/*设置标签行高，调整垂直边框线的高度*/
        text-align: center;/*设置标签在行内块中居中*/
        color: grey;
        font-weight: bold;/*设置标签加粗显示*/
    }
    .grey1:hover{color:#F1652D;font-size: 22px;}/*设置鼠标指针移动到标签上时标签
的颜色和大小，使标签呈现被选中的效果*/
    #gren2{
        font-size:20px;
        color: green;
```

```
        margin-left:750px;              /*调整标签位置，使标签移动到右侧*/
    }
    #gren2:hover{color:#F1652D;font-size: 22px;}/*设置鼠标指针移动到标签上时标签
的颜色和大小，使标签呈现被选中的效果*/
    /*精品推荐条设置结束*/
```

保存预览，效果如图 9-32 所示。

图 9-32　主体部分预览效果 1

（3）打开 index.html，在 index.html 中"精品推荐栏子导航栏"的网页元素后继续搭建精品推荐商品展示区，代码如下：

```
<!--精品推荐栏 展示区开始-->
<div class="show">
<ul class="one">
<li id="bz1"><a href="#" class="grey1">精品推荐</a></li>
<li class="show-img-one"><img src="img/lvcha.png"/></li>
<li class="bt1">绿茶</li>
<li class="cnt1">悠悠茶香，送友必备</li>
<li class="cnt1">购买人数：9532 人</li>
<li class="bt1">255 <span class="rmb">¥</span></li>
</ul>
<ul class="two">
<li class="show-img-two"><img src="img/zhudiao.png"/></li>
<li class="bt2">竹雕工艺</li>
    <li class="cnt2">宁可食无肉，不可尾无竹</li>
    <li class="cnt2">购买人数：11532 人</li>
    <li class="bt2">1255 <span class="rmb">¥</span></li>
</ul>
<ul class="one">
    <li id="bz2"><a href="#" class="grey1">查看全部</a></li>
    <li class="show-img-one"><img src="img/zhu.png"/></li>
```

```
        <li class="bt1">猪儿粑</li>
        <li class="cnt1">人间美味，江安特产</li>
        <li class="cnt1">购买人数：1532 人</li>
        <li class="bt1">25 <span class="rmb">¥</span></li>
    </ul>
    </div>
    <!--精品推荐栏 展示区结束-->
```

（4）打开 style.css，在 style.css 中"精品推荐栏子导航栏"的 CSS 代码后继续添加展示区的 css 代码：

```
/*精品推荐展示区设置开始*/
.show{
    width: 1768px;              /*设置商品展示区尺寸*/
    margin: 0 auto;            /*设置商品展示区左右居中*/
    display:flex;              /*使用弹性盒子布局的方式，将 show 下面的元素均匀分布开*/
    justify-content: space-between;/*将 show 下面的元素按 space-between 的方
式均匀分布开*/
    margin-top: 10px;          /*设置与上一行元素的距离为 10px*/
}
#bz1,#bz2{
    line-height:100px;         /*设置"精品推荐"和"查看全部"的格式*/
    font-size: 20px;
    font-weight: bold;
    color: grey;
}
#bz2{
    text-align: right;         /*设置"查看全部"的对齐格式*/
}
.one a{ border: none;}        /*去除"精品推荐"和"查看全部"的边框格式*/
.two{
    margin-top: 40px;          /*调整中间商品与上方元素的距离*/
}
.bt1{
    font-size:28px;            /*设置商品名称的字体格式、对齐方式、背景颜色等*/
    font-weight: bold;
    line-height: 60px;
    text-align: center;
    background-color: #FFFFFF;
}
.cnt1{
    font-size: 18px;           /*设置两侧商品说明文字的字体格式、对齐方式、背景颜色等*/
    line-height: 30px;
    background-color: #FFFFFF;
```

```
        text-align: center;
}
.rmb{color:orangered;}    /*设置"¥"符号的颜色*/
.bt2{
    font-size:40px;           /*设置中间商品名称的字体格式、对齐方式、背景颜色等*/
    font-weight: bold;
    line-height:75px;
    text-align: center;
    background-color: #FFFFFF;
}
.cnt2{
    font-size:24px;           /*设置中间商品说明文字的字体格式、对齐方式、背景颜色等*/
    line-height: 40px;
    background-color: #FFFFFF;
    text-align: center;
}
.two{
    box-shadow:5px 5px 5px rgba(20,20,20,.4) ;/*设置中间商品用阴影突出显示*/
}
/*商品展示区格式设置结束*/
```

保存，预览效果如图 9-33 所示。

图 9-33　主体部分预览效果 2

任务拓展

通过自学微视频，完成商品展示区中"hot"按钮的制作，如图 9-34 所示。

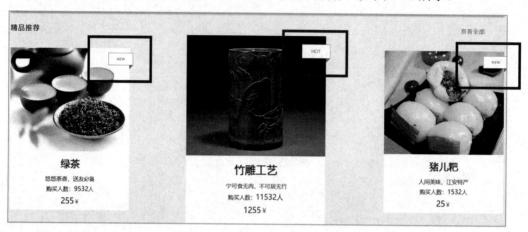

图 9-34 商品展示区"hot"按钮效果

任务评价表

表 9-8 制作主体部分任务评价表

考核项目		评价内容	总分		评价主体	评价方式
平时测试	知识点评价 40%	能够根据样图，选出正确的网页结构代码； 能够根据样图，正确书写 CSS 盒子的代码； 能够正确计算 CSS 盒子的大小	40		专业教师	在线测试自动评分
平时实训任务	技能评价 50%	能够正确分析并使用 HTML 代码搭建网页结构	20	60	专业教师 企业导师	组内自评（30%） 组间互评（40%） 教师评价（30%）
		能够熟练使 CSS 代码调整 HTML 元素位置和格式	20			
		能够通过自学和小组互助，完成任务拓展中，浮动标签的制作	10			
	素养评价 10%	积极主动学习新知	3			
		遵守实训室规定：不带违禁品进入实训室，不在实训室内做与实训无关的事	2			
		乐于探索，勇于创新	3			
		团结合作，乐于助人	2			

任务五 制作页脚部分

任务情境

网站的页脚很多公司在网站建设的时候并不注重，规划网站的时候也没有去着重思考，俗话说"穿好鞋，彷里路'网站的页脚也是网站的重要组成部分，一个好的页面尾部可以说也能够提高网站的品牌形象和转化率，那么网站的页脚是由哪些部分组成的呢？

任务要求

本任务的页脚部分包括"关于我们""媒体播报""乡村特色""绿色特产""村务播报""村民自治""今日天气""联系我们""网站版权""备案信息"等。我们主要是完成网页的页脚部分，如图9-35所示。

图 9-35　网页的页脚部分

知识准备

网站的页脚通常会包含以下 6 个部分。

1. 网站 Logo

通常网站页脚是深色的，常见的有品牌色、灰色等纯色，如果底色是纯色那我们可以使用反白 Logo；相反白色我们以应用彩色。当然我们也可以不选择展示 Logo。

2. 网站导航信息

页脚的导航信息有两种做法，普通的做法的是把网站的一二级的栏目罗列出来，还有一种只是展示一些重要的信息。

3. 企业联系信息

页脚还可以放一些企业的工作时间、客服电话、地址等。

4. 网站版权声明

进行网站定制过的客户知道自己拿钱定制网站不像被人轻易克隆走，如果有实力的公司可以在页脚放一个律师事务所的声明保护。

5. 网站备案信息

网站备案是不可或缺的，也可以把网站放到国外，市面上经常看到的网站备案信息有：ICP 备、ICP 证、公安局备案。

6. 网站友情链接

很多的企业网站是有专门的优化团队进行推广优化的，优化人员一般会将友情链接放到页脚底部。

除了以上 6 个信息，还有的网站会在页脚加入在线订阅、在线留言、新闻动态等信息，企业可以根据自己的需求进行内容取舍。

■任务分析

本任务页脚分为两行显示，与前面制作精品推荐栏子导航条的制作方法一样。可以使用<a>标签或者用<ul>、<li>标签和 float 属性实现横向排列，如图 9-36 所示。

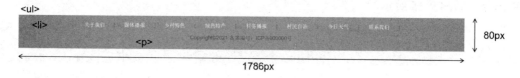

图 9-36　网页的页脚部分分析

页脚部分字体大小为 16px，背景颜色为：伪链接格式与导航栏<a>标签格式一致。

■任务实施

（1）打开 index.html，在 index.html 中"banner 部分"后搭建精品推荐栏子导航栏的网页元素，代码如下：

```
<!--页脚开始-->
<div class="foot">
    <ul>
        <li><a href="#">关于我们</a></li><li>|</li>
        <li><a href="#">媒体播报</a></li><li>|</li>
        <li><a href="#">乡村特色</a></li><li>|</li>
        <li><a href="#">绿色特产</a></li><li>|</li>
        <li><a href="#">村务播报</a></li><li>|</li>
        <li><a href="#">村民自治</a></li><li>|</li>
        <li><a href="#">今日天气</a></li><li>|</li>
        <li><a href="#">联系我们</a></li><li>|</li>
    </ul>
    <p>Copyright©2021 备案编号：ICP 备 000000 号</p>
</div>
<!--页脚结束-->
```

（2）打开 style.css，在 banner 样式后继续编写精品推荐栏子导航栏的 CSS 代码：

```
/*页脚样式开始*/
.foot{
    background-color: #A9A9A9;/*设置页脚背景颜色*/
    margin-top: 40px;  /*设置页脚距离上一元素的距离*/
    font-size: 16px;   /*设置页脚文字大小*/
}
.foot ul{
    height:30px;   /*设置页脚第1行高度*/
    width: 1000px;  /*设置页脚第1行高度显示宽度*/
```

```
    margin: 0 auto;    /*设置页脚第 1 行显示内容居中*/
    padding-top:20px;  /*设置内边距为20px*/
    display: flex;     /*设置 ul 内的元素为弹性布局方式*/
    justify-content: space-around;  /*设置 ul 内的元素为弹性均匀分布*/
}

.foot p{
    line-height: 30px; /*设置行高为30px*/
    text-align: center; /*设置文字对齐方式为居中对齐*/
    padding-bottom:20px;/*设置下方内边距为20px*/
    color: #6E5F37; /*设置字体颜色*/
}
/*页脚样式结束*/
```

保存预览，效果如图 9-37 所示。

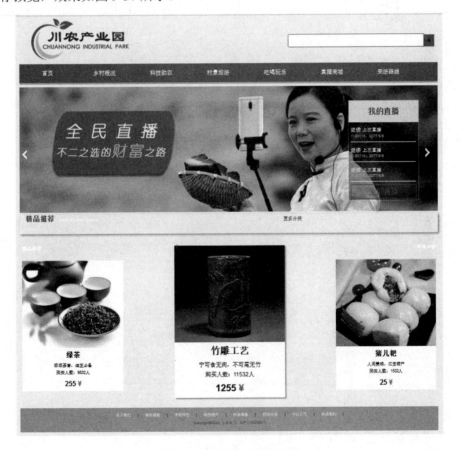

图 9-37   制作完整预览效果

任务拓展

请根据农产品电商网站的特点和页脚组成要素，对页脚内容进行完善和优化。

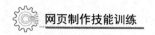

任务评价表

表 9-9 制作页脚部分任务评价表

考核项目		评价内容	总分		评价主体	评价方式
平时测试	知识点评价 40%	能够根据样图，选出正确的网页结构代码； 能够根据样图，正确书写 CSS 盒子的代码； 能够正确计算 CSS 盒子的大小	40		专业教师	在线测试自动评分
平时实训任务	技能评价 50%	能够正确分析并使用 HTML 代码搭建网页结构	20	60	专业教师 企业导师	组内自评（30%）组间互评（40%）教师评价（30%）
		能够熟练使 CSS 代码调整 HTML 元素位置和格式	20			
		能够通过自学和小组互助，完成任务拓展中，浮动标签的制作	10			
	素养评价 10%	积极主动学习新知	3			
		遵守实训室规定：不带违禁品进入实训室，不在实训室内做与实训无关的事	2			
		乐于探索，勇于创新	3			
		团结合作，乐于助人	2			

参 考 文 献

[1] 畅利红. DIV+CSS3.0 网页样式与布局全程揭秘[M]. 北京：清华大学出版社，2012.

[2] 陆凌牛. HTML5 开发精要与实例详解[M]. 北京：机械工业出版社，2011.

[3] 张学义，毕明霞. HTML5+CSS3+JavaScript 网页制作与实训[M]. 北京：科学出版社，2021.

[4] 赵丰年. 网页制作教程[M]. 3 版. 北京：人民邮电出版社，2019.

[5] 朱印宏，邓艳超. DIV+CSS 网站布局从入门到精通[M]. 北京：北京希望电子出版社，2011.